U0172485

岩石三维图鉴

刘 洁 等 编著

顾问 张 珂

科 学 出 版 社

北 京

内 容 简 介

本书提供了岩石内部三维结构的动态图像，共包含 50 个典型岩石样品，每个样品除了手标本照片、薄片照片及相应文字描述外，还提供微观 CT 扫描图像及层次丰富的三维结构可视化图像。通过扫描书中提供的二维码，读者可以从不同角度观察岩石内部三维结构，获取岩石中不同成分、结构的具象化信息。

本书适合地球科学理论及应用领域的研究人员及相关方向的高校师生阅读参考。

图书在版编目（CIP）数据

岩石三维图鉴/刘洁等编著. —北京：科学出版社，2023.3

ISBN 978-7-03-075161-4

Ⅰ. ①岩… Ⅱ. ①刘… Ⅲ. ①岩石结构－图集 Ⅳ. ①P583-64

中国国家版本馆 CIP 数据核字（2023）第 044873 号

责任编辑：郭勇斌　彭婧煜　方昊圆 / 责任校对：王　瑞
责任印制：赵　博 / 封面设计：刘云天

科 学 出 版 社 出版
北京东黄城根北街 16 号
邮政编码：100717
http://www.sciencep.com

涿州市般润文化传播有限公司印刷
科学出版社发行　各地新华书店经销

*

2023 年 3 月第 一 版　开本：720 × 1000　1/16
2025 年 1 月第二次印刷　印张：9 3/4
字数：186 000
定价：118.00 元
（如有印装质量问题，我社负责调换）

本书编写组

刘　洁　孟范宝　刘志超

钱加慧　沈文杰

前　言

　　岩石的矿物组成和结构构造是岩石鉴定和研究的基础，蕴含着岩石形成演化的丰富信息。长期以来，岩石矿物组成和结构构造的观测仅限于二维，对于三维空间中的形态，可通过偏光显微镜并运用晶体光学理论加以想象。近二三十年发展起来的微观层析成像（CT）技术使得岩石三维观测成为可能，岩石中矿物在三维空间中的排列组合可直观显现。然而，微观层析成像技术需要借助高配置的计算机硬件和专业软件，对于非 CT 技术专长的研究者来说，观察机会甚少。

　　本书在微观层析成像技术和常规矿物岩石观察之间搭建桥梁，通过跨学科的专家团队，运用岩石矿物学分析岩石微观 CT 所得到的图像，通过手机等移动设备识别二维码即可观察到岩石中矿物在三维空间里的组合和动态图像。书中不仅提供丰富的手标本、岩石薄片等彩照，而且将二维观察提升到三维观察，由静态转变为动态，突破了传统观测方法的局限性，同时操作简单。该书不同于传统的纸质教材，也不同于目前比较流行的视频教材，而是在纸质教材上就能观察动态图像，是教材建设创新的尝试，这将有助于岩石学、岩石物理学等涉及岩石矿物成分与结构构造课程的学习、理解和研究。

　　本书的创意由时任中山大学地球科学与工程学院院长张珂教授提出。实施过程中，遇到诸多困难，从设想到成书经历了近 7 年时间。笔者主要从事岩石物理学特别是数字岩石物理（地球物理学分支）的研究，对于岩石学（地质学分支）知识积累较薄弱。为此，我们组成了包括岩石 CT 技术和岩石学（含火成岩、沉积岩和变质岩）的交叉学科团队，经过反复讨论，拟定了《岩石三维图鉴》的基本框架。在团队成员的共同努力下，克服了重重困难，加上学院提供的资助，终于在 2022 年秋完成了初稿。

　　本书共含五章，第 1 章介绍岩石三维结构观测技术；第 2、3、4 章分别展示典型的火成岩（共 16 个）、沉积岩（共 13 个）和变质岩（共 16 个）样品；第 5 章介绍其他岩石样品（共 5 个）。全书共 50 个典型岩石样品，每个样品均配有手标本照片、薄片照片（含单偏光和正交偏光）及其文字描述，以及 CT 扫描原始灰度图像、彩色体渲染可视化图、动图二维码及对应的文字描述。

　　本书的分工如下：刘洁负责全书提纲拟定、组织实施、CT 扫描及图像处理、可视化设计和全书编撰、修改等方面的工作；孟范宝博士承担了约一半样品的可视化设计；刘志超副教授、沈文杰副教授和钱加慧副教授分别负责火成岩、沉积岩和变质岩样品的鉴定、命名和文字描述，并与 CT 扫描原始灰度图像进行对比；其他 5 个类型岩石标本由刘志超、钱加慧、沈文杰三位老师合作完成。张珂老师在此过程中提出了很多宝贵意见并对全书进行了审定，在此表示衷心感谢！

岩石三维结构可视化是本书的核心内容。可视化是科学与艺术的结合，在可视化处理过程中，配色方案得到了独立视觉设计师刘鸿雁先生的指导和帮助，特此表示感谢！

多名学生也参与了相关辅助性工作。加依娜·叶尔扎提和董纳颖最早帮助完成了手标本拍照和初步描述；胡立以专业的水准对手标本进行了重新拍照和图片后期处理；黄宛莹帮助完成了全部样品薄片的首次显微拍照（为确定 CT 扫描分辨率提供依据），同时还根据要求设计了动画制作的技术方案；因每个样品的动态图像文件都历经了反复修改，还有若干学生参与了动态图像的制作，在此一并表示感谢！

因时间和水平所限，疏漏在所难免，恳请批评指正！

刘　洁

2022 年 10 月于中山大学

目　　录

第1章 岩石三维结构观测技术

岩石是地球浅部最主要的介质，是由不同矿物以不同颗粒形态构成的集合体。岩石的识别和分类主要依据其中矿物成分、形态、大小及相互结构。

随着时代的发展、科学技术的进步，岩石观测技术从运用普通的放大镜发展到运用偏光显微镜和高倍电子显微镜，但这些技术都只能观测岩石的二维结构。近二三十年发展起来的微观层析成像技术可以提供岩石内部三维数字化的结构图像，相对二维观测是一个极大的进步。二维的显微观测技术已经成为岩石鉴定和识别的必备手段，其原理和使用方法在大量文献中有过介绍，本书不再赘述。本章介绍获取岩石三维图像所采用的计算机层析成像技术，包括基本原理、设备、图像特征等内容，为后面章节具体岩石三维结构的展示和分析奠定基础。

1.1 微观层析成像技术

计算机层析成像（computed tomography，CT）技术是一种无损伤地获得样品内部结构的技术，于 20 世纪 70 年代发展起来并应用于医学检测，即众所周知的计算机体层成像。利用相同的原理，通过不断的技术改进，目前 CT 图像分辨率达到微米甚至纳米量级，称为微观层析成像（microtomography）技术，或称微观 CT 技术。微观 CT 技术应用于岩石结构观测具有三方面优势：①三维观测；②数字化图像；③样品无损伤。其中三维观测较二维观测提高了一个观测维度，使得观测更真实、完整；而数字化图像又使得我们可以利用计算机进行后期的处理和定量分析。

CT 技术是 X 射线影像技术的推广。人们熟知的 X 射线照片，是 X 射线穿过物体后，物体中不同成分对射线的吸收不同，造成照片上呈现不同的灰度值；密度高的部位，如骨骼，显示为高灰度值（近于白色），而密度低的位置显示低灰度值（近于黑色）。X 射线照片上每一个图像点的灰度值是一条 X 射线穿过物体后的综合效应。一个延伸尺度确定的密度异常体在均匀介质中，其位置靠近射线源端或靠近检测器端，产生的图像都是一样的。显然，如果想确定异常体的位置，需要获得不同角度入射的 X 射线照片。不同于经过医学研究获得大量认知的人体结构，一个毫无预知信息的复杂内部结构（如岩石中的孔隙）难以由少量不同方向的 X 射线照片确定。因此，CT 扫描需要大量不同入射角的 X 射线照片，这些照片称为 CT 扫描的投影图像。利用这些投影图像，经过反演计算（图像重建）可以获得物体内部的三维结构信息。

因此，CT 扫描的基本原理为：从射线源发射出 X 射线，射线穿过样品后在另一侧的探测器（即照相机）上记录下不同灰度值的图像；随后将样品旋转一个小角度，X 射线从另一个方向射入，探测器将获得另外一个不同的灰度影像。通过一系列不同旋转方位的影像，借助重建算法可以获得样品内部三维结构的图像。射线源、样品台和探测器三者关系如图 1-1 所示，其中，X 射线源可以为锥形 X 射线源和平行 X 射线源。

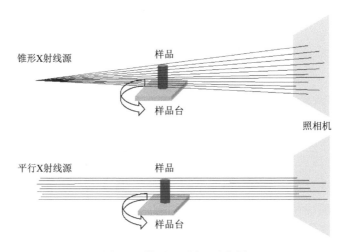

图 1-1 微观 CT 原理示意图

样品台控制样品的位置和旋转。为了能够准确反演样品内部三维结构，一般将样品旋转 180°，每旋转 0.1°～0.5°探测器获取一张 X 射线影像图，即 CT 扫描将获得 360～1800 张投影图像。

探测器即照相机，其像素决定了最终三维图像数据的大小。例如 2000×2000 像素的探测器，最后形成的三维图像数据就是 2000^3 大小，但是如果在图像重建过程中对投影图像进行了切割，最终的三维图像会小于 2000^3。目前不少设备的探测器像素已经超过 2000×2000 像素，最高已达到 4000×4000 像素，所形成的三维图像数据达 4000^3，未来可能还会进一步加大。这对图像处理设备和软件都提出了很高要求。

获取微观 CT 图像的设备主要有实验室 CT 扫描设备（提供锥形 X 射线源），以及大型设施同步辐射光源（提供平行射线源）。图 1-2 为一款实验室 CT 扫描设备和上海同步辐射光源鸟瞰图。图 1-2（a）所示实验室 CT 扫描设备内部包含了射线源、样品台和探测器等各种部件。同步辐射光源是一种投资巨大、工程复杂的大型科学设施，进行微观 CT 扫描仅仅是其众多功能之一。

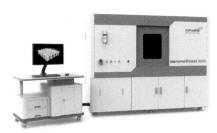

(a) 实验室CT扫描设备

(b) 上海同步辐射光源鸟瞰图(摄影: 胡蔚成)

图 1-2   微观 CT 扫描可用设施

图片源自天津三英精密仪器股份有限公司和上海同步辐射光源，本书岩石样品 CT 扫描原始灰度图像通过这两家机构及相关设备获取

同步辐射光源包括直线加速器、同步助推器、电子储存环和若干线站。首先从阴极管中发射出电子，电子在直线加速器的高压交流电场作用下加速；高速电子注入同步助推器进一步加速；随后近于光速运动的电子注入周长从几百到一千多米的电子储存环，环上的电磁体和相关设备聚焦高速电子以保证电子以一个小线束的形态在环内高速运转；在储存环上可以设置多个出口，电子沿切线方向射出，在出口处建设的实验设施称为同步辐射光源的线站（beamline）。一个同步辐射光源可以有多达数十个不同功能的线站。将从电子储存环中射出的射线作为 X 射线源，建设相应的样品控制台和探测器，可构成一个同步辐射的 CT 实验线站。

一般实验室微观 CT 扫描设备的能量远低于同步辐射光源的量级，意味着探测器需要更长时间获得成像，因此采用实验室微观 CT 扫描设备进行扫描一般耗时更长。

1.2   CT 图像特征

CT 扫描的数据首先是一个三维数据。可以把三维数据体理解为由一系列二维切片图像依顺序叠置而成，每一张切片视觉上如同一张照片，但是在三维数据中的切片是具有一定厚度的。二维图片中最基本的单元为像素（pixel），三维图像数据中最基本的单位是像素的扩展，称为"体像素"（voxel，由 volume 和 pixel 两个词合成而来）。因此 CT 图像数据是由类似小立方体的体像素整齐排列叠置而成。

　　其次，CT 图像数据是灰度数据，即每一个体像素对应一个可以由数字表示的灰度。灰度值数据的类型可有多种，最简单的 8 位整型数据的灰度值介于 0～255，0 对应黑色，255 对应白色；16 位数据可以为整型或浮点型，整型数据的范围介于 0～65535；32 位数据一般为浮点型，数据范围极大。灰度图像中，深色代表对 X 射线的吸收量低。孔隙和裂隙一般在图片中呈现为黑色，原子量（密度）小的矿物成分为灰色或深灰色，原子量（密度）大的矿物成分则往往表现为浅灰色或白色。

　　再次，分辨率，即每一个像素所对应的物体尺度，对于 CT 图像是一个非常重要的概念。图 1-3 为一圆柱状砂岩样品的水平切片图，其平面上像素为 2000×2000，圆柱直径为 5mm（5000μm），那么该图像的分辨率 a 为 5000/2000 = 2.5（μm）。分辨率决定了所获得的数字图像能否识别待分析的结构。一般一个实体至少在某一个方向上包含 3～5 个体像素，该实体才能准确识别。高分辨率对应分辨率 a 较小，反之称为低分辨率，例如，分辨率分别为 1μm 和 10μm 的两个图像，前者称为高分辨率。很多情况下，为了分辨不同的结构，需要使用不同的分辨率，例如，花岗岩中长石和石英颗粒均较大，需要使用较低分辨率才能在图像中看到完整颗粒，但花岗岩中的孔隙非常小，需要高分辨率图像才能识别。

　　最后，由于探测器镜头像素的数量相对固定，意味着图像的分辨率越高（分辨率 a 越小），所能探测的样品尺度就越小。例如，获取纳米级分辨率图像，需要将样品加工到微米尺度；而微米级分辨率图像的样品尺度一般在毫米级别。

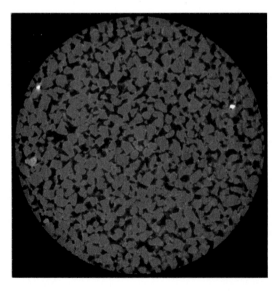

图 1-3　圆柱状砂岩样品的水平切片图

圆柱直径 5mm，图片像素为 2000×2000，分辨率为 2.5μm

　　CT 图像可能存在一些问题，最常见的有环状伪影和条状伪影。环状伪影即在图像的中心往外出现多个同心圆，这是图像中最常见的伪影之一，我们后面展示的具体图像中可以见到；条状伪影（或称为条纹干扰）一般是由物体内部成分对射线吸收差异太大造成的，如含有金属矿物颗粒时其周围往往形成放射状的条状伪影。

1.3　三维结构可视化

1.3.1　可视化技术

　　原始 CT 扫描结果是以数组形式存储的数据，数据以图形方式呈现的方案均可称为可视化。供数据呈现的媒体以二维平面为主，如纸张和屏幕。常见的曲线图、平面等值线图、直方图，以及以具体像素位置的灰度显示的点阵图（图 1-3）等，都属于可视化的方案。这些方案用于呈现某些变量之间的关系或者二维结构形态，很好地将抽象数据具象化，给读者直观印象。

　　对三维结构的展示，其难度剧增。体绘制（volume rendering），又称体渲染，是显示三维结构特征的最有效技术手段。体渲染是一套将三维数据在二维平面上投影显示的技术。体渲染以体像素为基本操作单位，计算每个体像素对投影图像的影响。技术需求包括两点：①对空间模型定义一个假想的光源及视角。②定义每个像素的颜色及透明度，通常用 RGBA[①]来定义每一个体像素的显示方式，这个定义也称为传递函数（transfer function）。传递函数定义不同灰度值的伪色彩和透明度。传递函数可以是一个简单的斜坡函数、分段线性函数或是任意变化关系。由此确定每个体像素的伪色彩及透明度并投影到二维平面（屏幕）上，产生逼真的立体视觉效果。通过调节伪色彩及透明度突出显示感兴趣的区域，帮助探索物体内部结构。

　　图 1-4 给出了体渲染及传递函数示例。图中首先显示一个圆柱状样品横截面原始灰度图像[图 1-4（a）]和样品三维视图[图 1-4（b）]。图 1-4（c）为从样品中切割出的局部区域的体渲染效果，所采用的传递函数见图 1-4（d），其中阴影区域为所切割局部区域灰度值的直方图，斜线的纵轴对应透明度。该传递函数的斜线左侧低右侧高，表示黑色部分完全透明、白色部分完全不透明。由于绝大部分影像透明度低，所以只能看到表面结构。

　　另外，从图 1-4（d）中可以看到，直方图在该传递函数两端没有衰减为零，表明所定义的传递函数没有完全覆盖全部灰度值区间。在传递函数（两条竖线）

---

　　① RGBA 中，R 表示红色（red），G 表示绿色（green），B 表示蓝色（blue），A 对应透明度（alpha）。

范围内，可以调节颜色和透明度；在其范围以外，仅可以调节低于和高于指定灰度值范围的两个颜色，图中灰度条左右两端小方块即代表所采用的颜色，透明度均为 0，不可调节。注意，这两个小方块均为白色，意味着图 1-4（c）中白色包含了灰度值最低的孔隙和高密度矿物。

图 1-4（e）重点显示灰度值较高的矿物，其余部分都设置为高透明度，所采用的传递函数见图 1-4（f），其底部蓝色-绿色-黄色-粉红色的颜色变化，就是人为设定的与图 1-4（d）底部灰度对应的伪色彩。图 1-4（e）立方体中以绿色显示的浅色影像体积较大，将其设置为高透明度，可以观察到内部存在的孔隙（以白色显示）。

图 1-4（g）为同时突出显示浅色和深色影像的体渲染效果，所采用的传递函数见图 1-4（h）。该传递函数底部的伪色彩变化包含了蓝色-绿色-黄色的颜色定义，同时定义传递函数最小灰度值以外为粉红色[图 1-4（h）左下角]，传递函数最大值以外定义为与最大值相同的黄色。因此，传递函数最小灰度值以外以粉红色表示的部分对应孔隙；传递函数范围内最小灰度值以深蓝色表示，对应裂缝；浅蓝色表示密度值较低的矿物；绿色表示密度较高的矿物；黄色表示密度最高的矿物。在该样品的体渲染图中可以清楚看到孔隙和高密度矿物共生的特点。

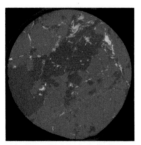

(a) 二维切片原始灰度图像

(b) 原始灰度图像三维视图

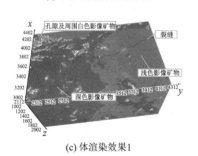

(c) 体渲染效果1

(d) 体渲染效果1所采用的传递函数(原始灰度色彩序列, 透明度为线性函数)

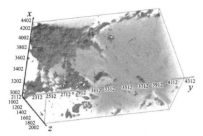

(e) 体渲染效果2

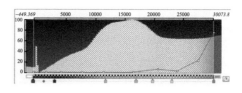

(f) 体渲染效果2所采用的伪色彩和传递函数(伪色彩序列1,透明度分段变化)

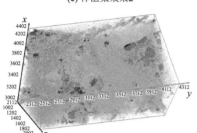

(g) 体渲染效果3

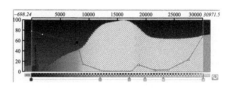

(h) 体渲染效果3所采用的伪色彩和传递函数(伪色彩序列2,透明度分段变化)

图 1-4　体渲染及传递函数示例

传递函数的伪色彩可以自定义,所选用或自定义的伪色彩与灰度序列构成一一对应关系;传递函数的纵轴对应颜色的透明度,纵轴越高表示越不透明,与横轴近于重合表示为全透明

采用体渲染方案进行可视化,还需要考虑两个因素。其一,单一视角的观测不足以了解全局;通过从不同角度观察体渲染图,可以更完整地获得岩石内部结构图像。因此,人们常采用体渲染图绕某一轴旋转,甚至观测点从外部进入结构内部,再从内部不同方向进行观测的方案。其二,体渲染需要高配置的计算机硬件和专业软件的支持,并且体渲染过程可能需要消耗大量时间。如果将不同视角的观测记录形成通用的动画文件,可以在普通计算机或手持电子设备上播放,则上面两个问题迎刃而解。本书提供岩石内部三维结构的体渲染效果动画文件供读者进行观测。

为了分析岩石 CT 图像中某一种矿物或孔隙,可以进行图像分割,即根据图像的灰度值,选定某一范围内灰度值代表的某种成分,作为目标相,而其余所有成分均认定为基质。分割后的图像只存在两种成分,可以用 0 和 1 表示,也称为二值图像。经过图像分割处理步骤之后,目标相和基质之间划分了一个清晰的等值面(iso-surface),可以更有效地显示孔隙、裂隙及不同成分的结构,如图 1-5 (a)所示。分割后的二值图像依然可以采用体渲染进行显示,但由于图像数据只具有两个取值,一般不需要使用传递函数,而是根据具体需要选用某种合适的颜色表示目标相或基质,如图 1-5(b)和图 1-5(c)所示。可视化中一般将占比较大的部分处理为透明,更好突出显示占比较小部分的效果;也可以将不同目标相的分割结果叠加,用不同颜色显示岩石样品中不同成分的分布。

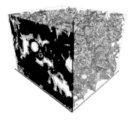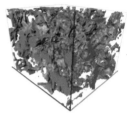

(a) 目标相和基质之间等值面形态示例,　　(b) 固体基质封闭面显示　　　(c) 孔隙结构封闭面显示
侧面叠加显示二值平面图

图 1-5　等值面及结构面可视化示例

1.3.2　显示方案

三维结构可视化是对原始灰度图像特征进行选择性的展示;原始灰度图像是三维结构可视化结果的基础。因此本书将给出每一种岩石样品的 CT 扫描原始灰度图像,并对灰度图像中所能观察到的基本结构特征进行描述。微观 CT 扫描样品一般加工为圆柱状,各样品原始灰度图像的展示,将给出一个横截面原始灰度图像和一个纵截面原始灰度图像,如图 1-6 所示。

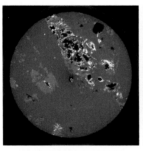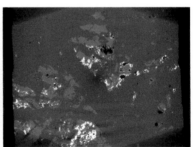

(a) 横截面原始灰度图像　　　　　　(b) 纵截面原始灰度图像

图 1-6　原始灰度图像显示方案示例

三维结构的体渲染可以对整体样品进行,或选取样品中一部分进行,本书主要采用后一方案(图 1-7)。显示区域的大小取决于样品中矿物颗粒(或孔隙)的大小——矿物颗粒大,则选择显示的区域大,以保证显示区域中有足够多的矿物颗粒,通过可视化展示岩石内部不同矿物成分的形态和接触关系;反之,矿物颗粒小则显示区域小,以避免三维空间中大量冗余信息影响观测。选取的显示区域

的位置还受图像质量的影响，需尽量避开存在伪影的位置，选取图像清晰、可信的部位。

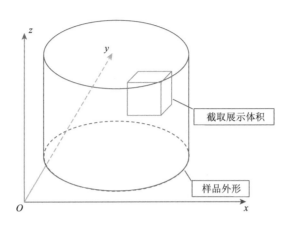

图 1-7　三维结构显示区域的选取

后面各样品图像展示时，所截取的小长方体的局部坐标轴与图 1-7 所示图像整体坐标轴方向一致，但是坐标值为总体坐标值，即相当于图 1-7 中所示 x、y、z 坐标系的取值，并均以微米为单位。

另外补充说明两点：①如果矿物颗粒较大，则需加工较大尺寸的样品，采用较低分辨率进行 CT 扫描；反之则需要将样品加工到很小，并采用高分辨率进行 CT 扫描。开展本图鉴中样品 CT 扫描之前，先对不同岩石的薄片进行显微镜观测，获得矿物颗粒大小的初步估计，由此再决定样品加工尺寸并决定扫描分辨率大小。受限于各种条件，未必每一个样品的分辨率都能达到完美状态，可能偏大或偏小；或者，对于某些矿物的观测是合适的，而对另一些矿物的观测却不够。纳入本书鉴展示的岩石三维结构均为分辨率基本合适的扫描结果。②CT 图像的质量受各种因素的影响，包括扫描设备、能量强度、样品本身物质成分，以及扫描参数等，除了伪影，还有包括样品两端或核心部位可能存在的异常区。本书展示的岩石三维结构均尽量避开这些存在问题的图像区间，并保证其大小足够显示该样品中不同成分的结构关系。

1.4　CT 图像与物质成分

根据 CT 扫描的基本原理，探测器（照相机）获取的图像是 X 射线穿过样品，被样品中物质吸收、衰减后的综合效果，而样品中不同成分对 X 射线的吸收是与物质的原子量正相关的，换言之，X 射线 CT 成像获得的图像与物质密度直接相关：物质密度越小，在 CT 图像中灰度值越小（越接近黑色）；物质密度越大，在 CT 图像中灰度值越大（越接近白色）。因此一般 CT 图像中黑色影像对应孔隙和裂隙，白色影像对应高密度物质。

鉴于此，如果对所扫描的样品内部成分一无所知，根据 CT 图像仅仅能够分辨不同密度物质的分布形态。但是，如果有其他相关背景信息，结合物质密度参数则有可能对样品中不同成分进行识别。

对于岩石，需要识别其中的矿物成分。仅依据 CT 图像所显示的密度差异不能分辨岩石中所包含的不同矿物，具体存在两方面障碍因素：①相同矿物在不同岩石样品中可以呈现为不同的灰度值；反之，密度差异小的矿物在某些样品中也可以呈现为几乎相同的灰度值。这与岩石中所有成分的密度差异幅度有关，也与扫描时所采用的 X 射线能量值有关。②矿物的类质同象或同质多象现象造成其密度可能在一定范围内变化，例如石英和长石这两种最常见的造岩矿物，石英（一般都为 α-石英）密度较稳定，而长石变化太多，钾长石就有多种同质多象变体（如正长石、透长石、微斜长石等），斜长石又有类质同象系列（从钠长石到钙长石系列），其密度可能小于、等于或大于石英，因此在 CT 图像中可能呈现为比石英灰度值低或高，也可能与石英具有相同灰度使得二者完全无法区分。

但是，岩石薄片观测可以提供岩石中主要矿物成分及其占比、不同矿物的晶体形态、大小、排列和组合等信息，结合矿物的密度特征，可以初步推断 CT 图像中不同灰度值所代表的矿物，当然也存在完全难以识别的情形。后面章节展示的样品均根据薄片观测信息对 CT 图像中不同灰度影像对应的矿物进行了推测，具有合理性和一定可信度，但严格的矿物识别还需要更多信息支持。

第 2 章 火 成 岩

火成岩也称岩浆岩，指由岩浆冷凝固结而成的岩石。依据岩浆凝固时所处环境，火成岩可分为侵入岩和喷出岩两大类；依据 SiO_2 的含量，火成岩可以分为超基性火成岩、基性火成岩、中性火成岩和酸性火成岩。结合这两种分类方法，下文依次给出典型火成岩的手标本照片、偏光显微照片、三维图像及描述。

2.1　超基性火成岩

2.1.1　超基性侵入岩

1）纯橄榄岩

纯橄榄岩样品手标本见图 2-1。岩石呈橄榄绿色，细粒-微粒结构，块状构造，几乎全部由橄榄石组成。

图 2-1　纯橄榄岩手标本照片（样品来源：河南省南阳市内乡县）

　　纯橄榄岩样品薄片偏光显微照片见图 2-2。岩石为细粒-微粒原生粒状结构，块状构造。岩石主要由橄榄石（＞95%）、斜方辉石和金云母组成。橄榄石呈粒状，无解理，裂纹发育，粒径多为 0.1～0.3mm；少量颗粒因蚀变转化为蛇纹石，新鲜颗粒间常见三边平衡结构。斜方辉石为短柱状，粒径与橄榄石相当，多数颗粒可见一组解理。金云母含量极低，一组极完全解理发育。薄片中还可见少量的不透明矿物。

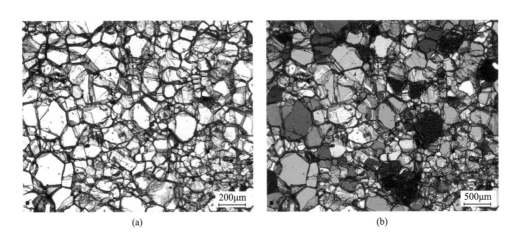

(a)　　　　　　　　　　　　　　　　　　(b)

图 2-2　纯橄榄岩样品薄片单偏光（a）和正交偏光（b）显微照片

　　纯橄榄岩 CT 扫描样品直径 6mm，分辨率 1.934μm。CT 扫描原始灰度图像见图 2-3。图像中可见少量裂缝；主体为中灰色，隐约可分辨出矿物颗粒；同时可见斑杂状分布的白色颗粒，推测为密度更高的金属矿物。

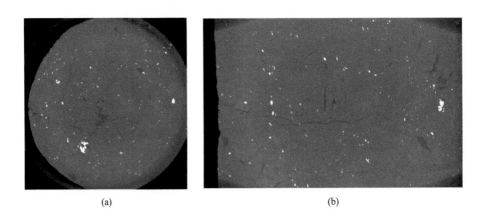

(a)　　　　　　　　　　　　　　　　　　(b)

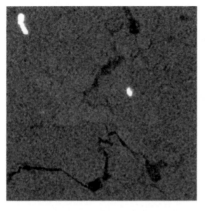
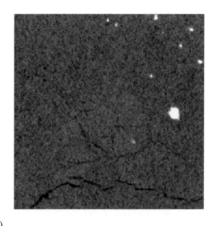

(c)

图 2-3 纯橄榄岩 CT 扫描原始灰度图像

（a）、（b）为 CT 扫描整体图像横截面和纵截面，（c）为一个 400×400×400 体像素，
即 773.6μm×773.6μm×773.6μm 体积内两个不同方向的切面

对所截取的 400×400×400 体像素（773.6μm×773.6μm×773.6μm）的体积进行三维结构可视化，见图 2-4。样品体渲染图中，占主体的橄榄石以高透明度的浅灰色表示；裂缝以紫蓝色表示；高密度的金属矿物以金色表示。总体而言，对于近乎纯净的橄榄岩，其内部结构较为简单，除主要成分橄榄石外，一些金属矿物零散分布。

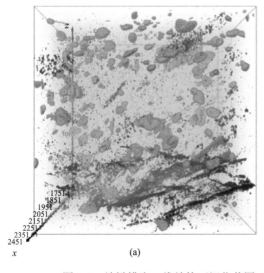

(b)

(a)

动图二维码

图 2-4 纯橄榄岩三维结构可视化截图（a）、灰度与伪色彩对比（b）

2）金伯利岩

金伯利岩样品手标本见图 2-5。岩石呈暗绿色，具斑状结构，含角砾，斑晶有橄榄石、辉石及少量金云母，基质为隐晶质。

图 2-5　金伯利岩手标本照片（样品来源：山东省临沂市蒙阴县）

金伯利岩样品薄片偏光显微照片见图 2-6。样品薄片为卵斑结构，斑晶为蚀变的橄榄石、辉石，基质为微晶结构，有橄榄石、金云母、辉石等矿物。斑晶约占岩石总体积的 30%。橄榄石的粒径变化较大，大者可达 8mm，小者为 0.2mm 左

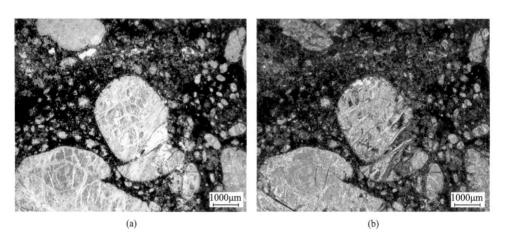

(a)　　　　　　　　　　　　　　　　(b)

图 2-6　金伯利岩样品薄片单偏光（a）和正交偏光（b）显微照片

右；多数已完全碳酸盐化和蛇纹石化，斑晶因熔蚀呈浑圆状，个别颗粒因蚀变不完全核部有橄榄石残留，而基质中橄榄石完全碳酸盐化。辉石见于斑晶中，颗粒较小，具有短柱状晶形，但颗粒已完全蚀变为蛇纹石。金云母多在基质中出现，粒径较小，多为 0.1mm 左右。基质中可见细小的不透明矿物。岩石整体碳酸盐化蚀变严重。

　　金伯利岩 CT 扫描样品直径 6mm，分辨率 1.934μm。CT 扫描原始灰度图像见图 2-7。图像中未见孔隙或裂隙；岩石基质呈中灰色，仔细分辨可见其中存在灰度差异，斑晶矿物主要呈深灰色，部分斑晶矿物内部的灰度值变化明显，应与斑晶的蚀变程度有关。另外可见细小的白色影像矿物颗粒，可能为密度更高的金属矿物。

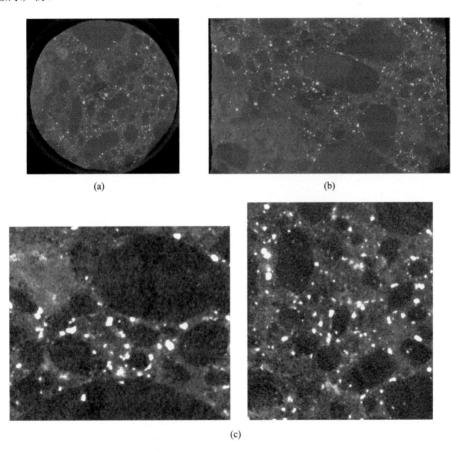

(a)　　　　　　　　　　　　　(b)

(c)

图 2-7　金伯利岩 CT 扫描原始灰度图像

（a）、（b）为 CT 扫描整体图像横截面和纵截面，（c）为一个 700×800×600 体像素，
即 1353.8μm×1547.2μm×1160.4μm 体积内两个不同方向的切面

对所截取的 700×800×600 体像素（1353.8μm×1547.2μm×1160.4μm）的体积进行三维结构可视化，见图 2-8。原始灰度图像中深灰色的斑晶矿物在体渲染图中显示为深灰蓝色，其中个别斑晶中显示的裂纹与样品薄片偏光显微照片相似；金属矿物以粉红色表示，在基质中分布较均匀，大小较一致；其余部分可视为基质，以高透明度处理，灰度值略高的基质显示为浅黄色，可见其局部成团，总体为分散团簇状。

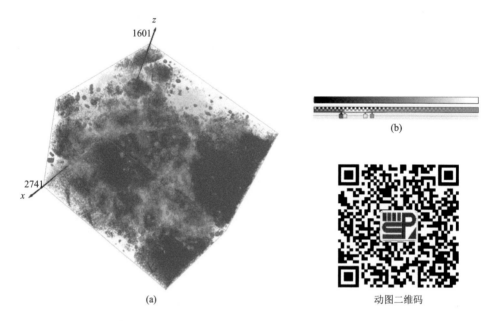

图 2-8　金伯利岩三维结构可视化截图（a）、灰度与伪色彩对比（b）

3）二辉橄榄岩

二辉橄榄岩样品手标本见图 2-9。岩石呈灰黑色，中粒等粒结构，块状构造，主要由橄榄石和辉石组成。

二辉橄榄岩样品薄片偏光显微照片见图 2-10。岩石主要由橄榄石（45%）、斜方辉石（30%）、单斜辉石（15%）、普通角闪石（>5%）和少量金云母（<5%）组成。可见巨大的斜方辉石和单斜辉石晶体包裹较小的粒状的橄榄石，构成包橄结构。橄榄石粒状，裂纹发育，粒径多为 0.5～1.5mm，沿裂纹有蛇纹石化蚀变，并填充有不透明矿物，可能为磁铁矿或铬铁矿。有少量大颗粒的普通角闪石包裹橄榄石。少量片状金云母分布在晶隙间，粒径主要为 1～2mm。

图 2-9　二辉橄榄岩手标本照片（样品来源：吉林省吉林市磐石市）

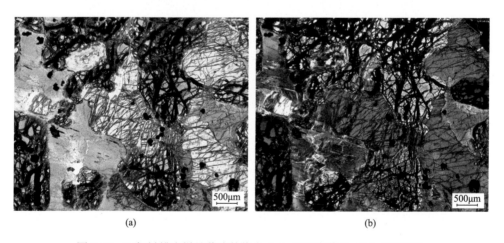

(a)　　　　　　　　　　　　　　　　　　　　(b)

图 2-10　二辉橄榄岩样品薄片单偏光（a）和正交偏光（b）显微照片

二辉橄榄岩 CT 扫描样品直径 6mm，分辨率 1.934μm。CT 扫描原始灰度图像见图 2-11。图像中可识别出裂理极度发育的橄榄石，裂纹呈现明暗不同的灰度。两类辉石和角闪石在图像中呈现均匀且相似的灰度值，难以有效地识别和区分。有少量呈现高亮度的高密度小颗粒，为金属矿物。局部图像中清晰可见辉石颗粒包裹裂缝发育的橄榄石颗粒。

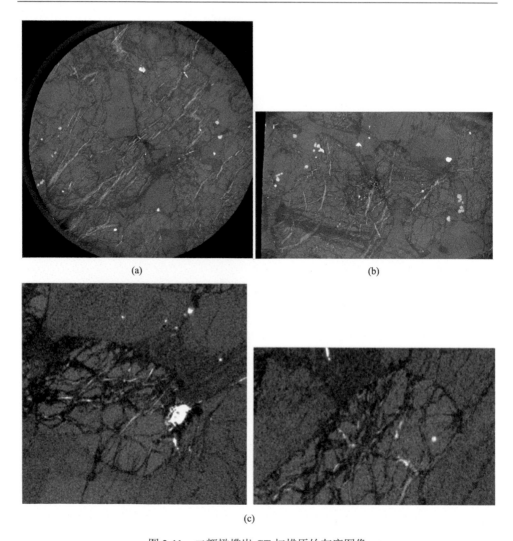

(a)

(b)

(c)

图 2-11 二辉橄榄岩 CT 扫描原始灰度图像

（a）、（b）为 CT 扫描整体图像横截面和纵截面，（c）为一个 660×630×400 体像素，
即 1276.44μm×1218.42μm×773.6μm 体积内两个不同方向的切面

对所截取的 660×630×400 体像素（1276.44μm×1218.42μm×773.6μm）的体积进行三维结构可视化，见图 2-12。橄榄石以深灰蓝色显示，其中裂纹已完全被其他矿物所充填，充填物既有低密度的矿物（以浅灰色高透明或杏黄色显示），也有高密度的矿物（以绯红色显示）；辉石（或角闪石）以高透明度浅灰色显示，它们包裹在橄榄石周围；高密度金属矿物显示为绯红色，以充填裂纹或细小颗粒的形态存在。

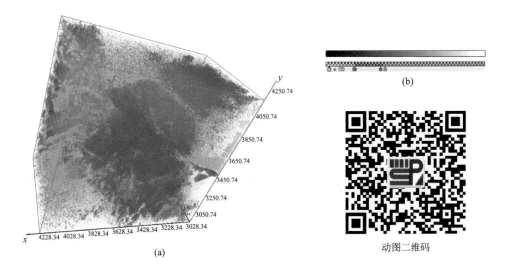

图 2-12　二辉橄榄岩三维结构可视化截图（a）、灰度与伪色彩对比（b）

2.1.2　超基性喷出岩

超基性喷出岩如科马提岩不常见，本书暂未收入。

2.2　基性火成岩

2.2.1　基性侵入岩

1）辉长岩

辉长岩样品手标本见图 2-13。岩石呈灰黑色，中粒结构，块状构造，主要由辉石和斜长石组成。

辉长岩样品薄片偏光显微照片见图 2-14。岩石主要为辉长-辉绿结构，局部发育包橄结构、反应边结构等，块状构造。主要矿物成分为斜长石（45%）、橄榄石（15%）、紫苏辉石（10%）、普通辉石（25%）、黑云母（＜5%）和少量不透明矿物。副矿物有磷灰石。斜长石多以自形-半自形板状产出，大小为（1.0～1.5）mm×0.25mm，聚片双晶发育。橄榄石以半自形粒状为主，粒径为 0.5～1.5mm，裂纹发育。紫苏辉石多为半自形短柱状，粒径约为 1.5mm。普通辉石多为自形-半自形短柱状，粒径为 1.0～2.0mm。黑云母为半自形片状，常分布在辉石及橄榄石间隙，粒径为 0.5～1.0mm。磷灰石为自形长柱状或针状，粒径为 0.02～0.05mm。

图 2-13　辉长岩手标本照片（样品来源：山东省济南市）

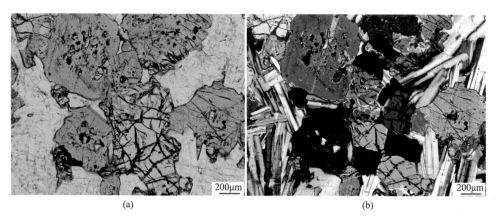

(a) (b)

图 2-14　辉长岩样品薄片单偏光（a）和正交偏光（b）显微照片

　　辉长岩 CT 扫描样品直径 6mm，分辨率 3.25μm。CT 扫描原始灰度图像见图 2-15。图像中可见极少量微小孔隙，固体部分至少包含 4 级灰度：较大面积的深灰色、大面积的中灰色、较少量的浅灰色，以及少量白色细小颗粒，推测它们分别对应斜长石、两种辉石、橄榄石和金属矿物。

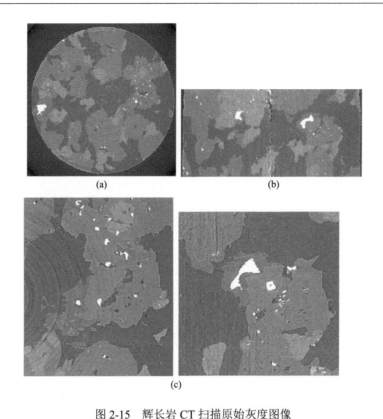

图 2-15 辉长岩 CT 扫描原始灰度图像

（a）、（b）为 CT 扫描整体图像横截面和纵截面，（c）为一个 600×700×600 体像素，
即 1950μm×2275μm×1950μm 体积内两个不同方向的切面

对所截取的 600×700×600 体像素（1950μm×2275μm×1950μm）的体积进
行三维结构可视化，见图 2-16。体渲染图中长石以高透明度的浅肉红色表示，辉
石和橄榄石分别以青绿色和杏色表示，金属矿物以粉色表示。可见橄榄石裂纹发
育明显；两类辉石相对较完整，但其中发育较多孔隙。

2）辉绿岩

辉绿岩样品手标本见图 2-17。岩石呈灰绿色，微粒-细粒结构，块状构造，主
要由斜长石和辉石组成。

辉绿岩样品薄片偏光显微照片见图 2-18。岩石蚀变较为严重，整体显示为斑
状结构，斑晶为已帘石化的辉石和较新鲜的橄榄石，基质为微晶-隐晶质结构，据
基质矿物形态可判断其多数为斜长石。

辉绿岩 CT 扫描样品直径 3mm，分辨率 1.155μm。CT 扫描原始灰度图像见
图 2-19。图像中可见少量微小孔隙，固体部分可分辨三个灰度级别：中灰色颗粒，
呈不规则粒状，对应辉石或橄榄石（难以区分），其边缘浅色对应帘石化的边界；

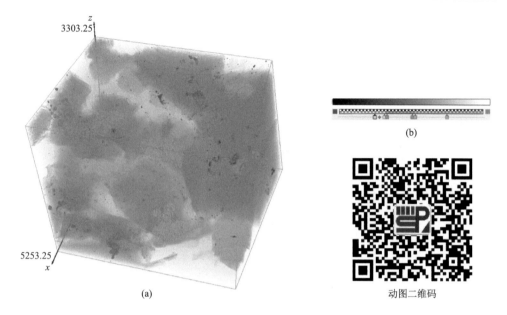

图 2-16　辉长岩三维结构可视化截图（a）、灰度与伪色彩对比（b）

图 2-17　辉绿岩手标本照片（样品来源：山东省泰安市）

较深的灰度值影像对应以斜长石为主的微晶-隐晶质基质；少量浅色颗粒状影像对
应高密度矿物。

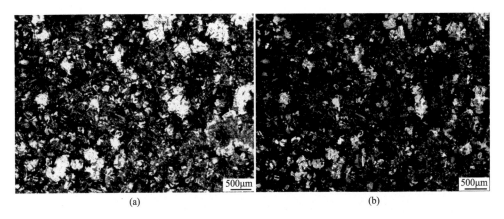

图 2-18　辉绿岩样品薄片单偏光（a）和正交偏光（b）显微照片

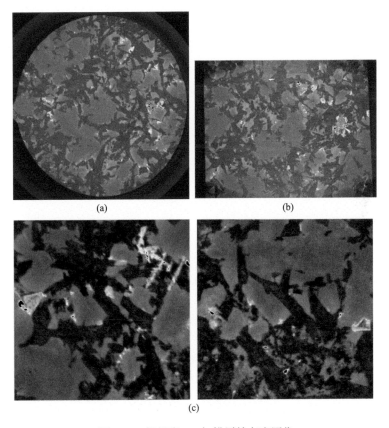

图 2-19　辉绿岩 CT 扫描原始灰度图像

（a）、（b）为 CT 扫描整体图像横截面和纵截面，（c）为一个 400×400×400 体像素，
即 462μm×462μm×462μm 体积内两个不同方向的切面

对所截取的 400×400×400 体像素（462μm×462μm×462μm）的体积进行三维结构可视化，见图 2-20。体渲染图中基质为完全透明（不显示）；孔隙以高饱和度的蓝色表示；辉石颗粒以深青绿色表示，由于在原始灰度图像中可见辉石颗粒蚀变造成的成分渐变，表现为灰度值的渐变，体渲染中也采用了从青绿色到杏黄色的渐变伪色彩，杏黄色对应蚀变较明显部分；橄榄石以粉色表示。

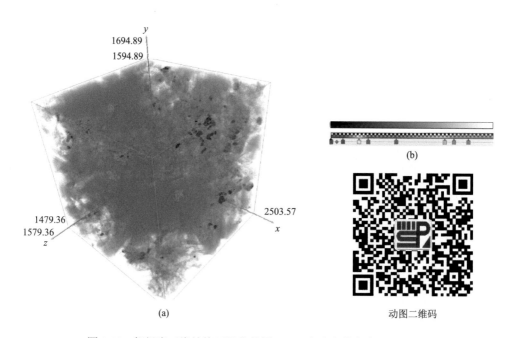

(a)　　　　　　　　　　　　动图二维码

图 2-20　辉绿岩三维结构可视化截图（a）、灰度与伪色彩对比（b）

2.2.2　基性喷出岩

1）玄武岩

玄武岩样品手标本见图 2-21。岩石呈灰黑色，无斑隐晶质结构，块状构造。

玄武岩样品薄片偏光显微照片见图 2-22。样品薄片为斑状结构，斑晶为橄榄石和单斜辉石，粒度较小，一般小于 0.5mm，基质为间粒-间隐结构，块状构造。斑晶占岩石总体积的 10%左右，其中橄榄石约为 7%，单斜辉石约为 3%；基质中斜长石含量较高。橄榄石斑晶多为自形粒状，无解理，边部多发生伊丁石化蚀变；单斜辉石斑晶为自形短柱状，可见环带结构和简单双晶，未见伊丁石化蚀变。基质主要由微粒针状斜长石无序排列，搭成格架充填橄榄石、单斜辉石及隐晶质、玻璃质等物质。副矿物有磷灰石及不透明矿物。

图 2-21 玄武岩手标本照片（样品来源：浙江省丽水市缙云县）

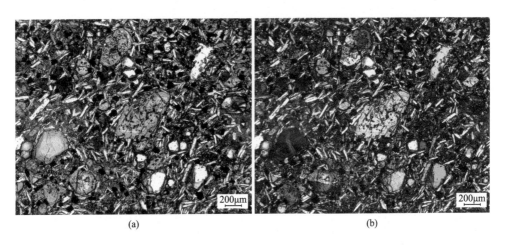

(a) (b)

图 2-22 玄武岩样品薄片单偏光（a）和正交偏光（b）显微照片

玄武岩 CT 扫描样品直径 3mm，分辨率 1.0μm。CT 扫描原始灰度图像见图 2-23。图像中几乎未见孔隙；可分辨深灰色、浅灰色和高亮度白色三个灰度，应分别对应斜长石、暗色矿物（橄榄石、辉石等）和高密度的金属矿物。

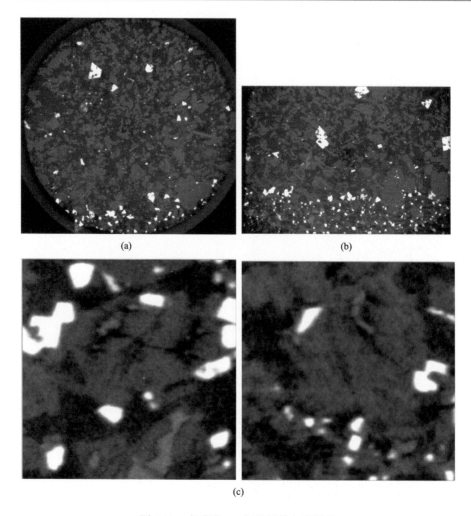

图 2-23　玄武岩 CT 扫描原始灰度图像

（a）、（b）为 CT 扫描整体图像横截面和纵截面，（c）为一个 400×400×400 体像素，
即 400μm×400μm×400μm 体积内两个不同方向的切面

　　对所截取的 400×400×400 体像素（400μm×400μm×400μm）的体积进行三维结构可视化，见图 2-24。在体渲染图中分别以白色、青绿色和金色表示原始灰度图像中从深到浅的不同灰度值。可见青绿色表示的暗色矿物（或矿物集合体）柱状颗粒形态可分辨；高密度的金属矿物（以金色表示）可见片状、长条状和等轴状颗粒形态，分布不均匀。

　　2）气孔玄武岩

　　气孔玄武岩样品手标本见图 2-25。岩石呈灰褐色，无斑隐晶质结构，气孔构造。

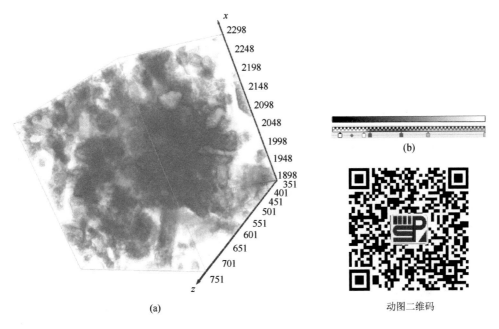

(a)

(b)

动图二维码

图 2-24 玄武岩三维结构可视化截图（a）、灰度与伪色彩对比（b）

图 2-25 气孔玄武岩手标本照片（样品来源：黑龙江省黑河市五大连池市）

气孔玄武岩样品薄片偏光显微照片见图 2-26。样品薄片为斑状结构，斑晶为橄榄石和单斜辉石，基质为间隐结构，气孔构造。橄榄石斑晶含量约 3%，呈粒状，粒径为 0.1～0.3mm，裂纹发育，沿裂纹有熔蚀发生。单斜辉石斑晶含量约为 5%，为短柱状，沿解理或边缘有熔蚀。基质为间隐结构，斜长石微晶无序排列，微晶间为隐晶质和玻璃质。

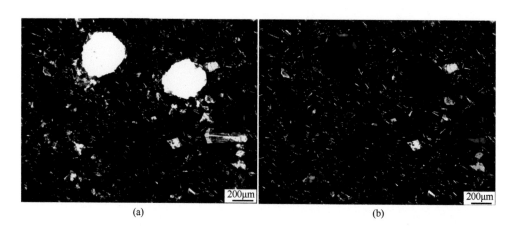

(a)　　　　　　　　　　　　　　　　　　(b)

图 2-26　气孔玄武岩样品薄片单偏光（a）和正交偏光（b）显微照片

　　大量大小不同的气孔是气孔玄武岩的主要特征之一，为了兼顾观测孔隙和矿物颗粒，CT 样品选择了气孔相对较小的区域。气孔玄武岩 CT 扫描样品直径 6mm，分辨率 3.25μm。CT 扫描原始灰度图像见图 2-27。平面图像中可见近圆形或不规则孔隙，小孔隙多呈不规则形态；固体部分可分辨两种非常接近的灰度值，灰度值略浅且呈现出较大颗粒的影像应为斑晶；整体灰度值略深的部分应为基质；基质中存在较多均匀分布的细小高亮度白色颗粒，应为金属矿物。

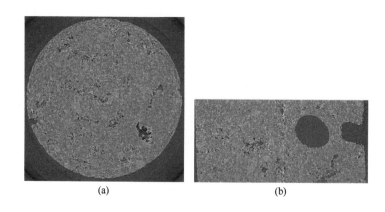

(a)　　　　　　　　　　　(b)

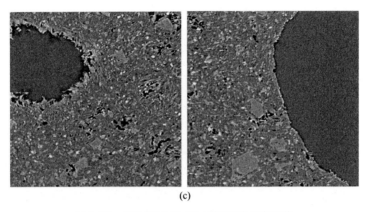

(c)

图 2-27　气孔玄武岩 CT 扫描原始灰度图像

（a）、（b）为 CT 扫描整体图像横截面和纵截面，（c）为一个 400×400×400 体像素，
即 1300μm×1300μm×1300μm 体积内两个不同方向的切面

对所截取的 400×400×400 体像素（1300μm×1300μm×1300μm）的体积进
行三维结构可视化，见图 2-28。图中孔隙以灰色显示，一个较大气孔的局部占据
了所截取体积的近三分之一；除此之外，固体结构内部的小孔隙形态大小各异，
但极少呈近圆形。固体成分中的斑晶和基质以蓝灰色显示；高密度金属矿物以黄
色显示，分布较均匀。

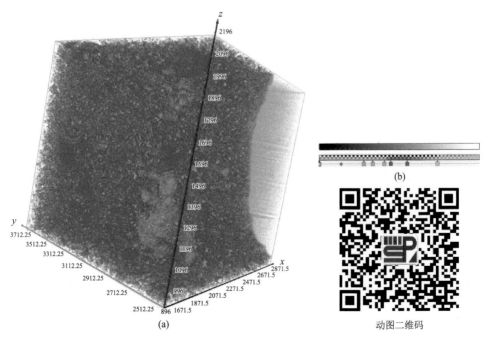

图 2-28　气孔玄武岩三维结构可视化截图（a）、灰度与伪色彩对比（b）

3）橄榄玄武岩

橄榄玄武岩样品手标本见图 2-29。岩石呈灰黑色，无斑隐晶质结构。

图 2-29 橄榄玄武岩手标本照片（样品来源：浙江省绍兴市诸暨市）

橄榄玄武岩样品薄片偏光显微照片见图 2-30。样品薄片为斑状结构，斑晶为橄榄石（10%）和极少量的单斜辉石，块状构造。橄榄石斑晶为自形粒状，裂纹发育，粒径为 0.1～0.5mm。单斜辉石斑晶为自形柱状，因颗粒小而未见解理。基质为隐晶质结构。

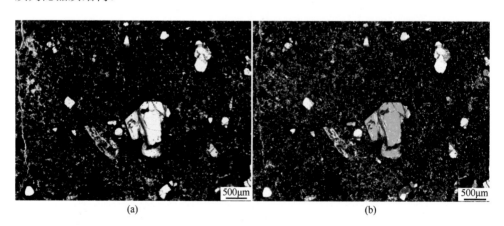

(a)   (b)

图 2-30 橄榄玄武岩样品薄片单偏光（a）和正交偏光（b）显微照片

橄榄玄武岩 CT 扫描样品直径 3mm，分辨率 1.1μm。CT 扫描原始灰度图像见图 2-31。图像中几乎未见孔隙，可见斑晶矿物呈中灰色，部分颗粒见裂纹或破碎状，可能对应橄榄石；部分具有稍大灰度值的板条状颗粒，可能对应辉石。因辉石和橄榄石密度值接近，CT 图像中灰度值也十分接近，准确辨认区分的难度较大。基质主要呈现深灰色和高亮度的白色颗粒影像，它们可能分别对应了薄片中的隐晶质成分和高密度的金属矿物。

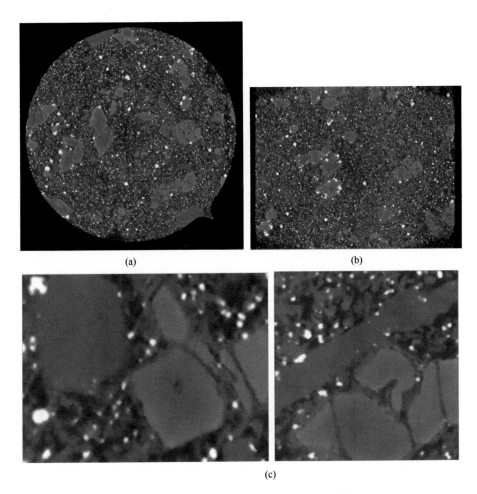

(a)

(b)

(c)

图 2-31　橄榄玄武岩 CT 扫描原始灰度图像

(a)、(b) 为 CT 扫描整体图像横截面和纵截面，(c) 为一个 400×300×400 体像素，即 440μm×330μm×440μm 体积内两个不同方向的切面

对所截取的 400×300×400 体像素（440μm×330μm×440μm）的体积进行三维结构可视化，见图 2-32。体渲染图中辉石以灰色表示，所截取的体积内可见一

长条状辉石颗粒；橄榄石以蓝灰色表示，部分颗粒显示完整晶形，部分颗粒显示破碎结构；高亮度的金属颗粒以棕金色表示，分布较均匀。

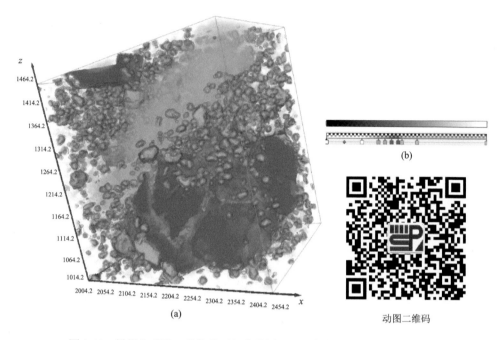

图 2-32　橄榄玄武岩三维结构可视化截图（a）、灰度与伪色彩对比（b）

2.3　中性火成岩

2.3.1　中性侵入岩

1）闪长岩

闪长岩样品手标本见图 2-33。岩石呈灰黑色，细粒结构，块状构造。主要由斜长石、角闪石、辉石和黑云母组成。

闪长岩样品薄片偏光显微照片见图 2-34。样品薄片为细粒半自形粒状结构，块状构造。矿物组成：斜长石（65%）、单斜辉石（5%）、普通角闪石（10%）、黑云母（15%）、石英（5%）。斜长石半自形柱状，粒径为 0.3～0.7mm，发育聚片双晶、卡钠联合双晶，多为中性斜长石，可见有环带结构；普通角闪石半自形长柱状，粒径较大，为 0.2～0.5mm，横截面为六边形或菱形；黑云母半自形片状，粒径为 0.2mm 左右，一组极完全解理；石英多以它形粒状分布于斜长石和角闪石边部空隙处。副矿物有榍石、磷灰石、磁铁矿等。

图 2-33 闪长岩手标本照片（样品来源：浙江省台州市仙居县）

(a) (b)

图 2-34 闪长岩样品薄片单偏光（a）和正交偏光（b）显微照片

闪长岩 CT 扫描样品直径 6mm，分辨率 3.25μm。CT 扫描原始灰度图像见图 2-35。注意该样品 CT 图像中存在较明显环状伪影。图 2-35（a）所示的横切面可见同心圆状环；因环状伪影，图 2-35（b）的纵切面中心部位形成一线状异常区，且切面顶底部竖向异常条纹更明显（已去除两端图像质量不好部分）。选取局部区域对图像进行可视化时，需避开这些伪影区。

图像中可见少量微小孔隙（呈黑色）；主体部分为中灰色影像；浅灰色影像占比较少，呈颗粒状或颗粒集合的团簇状，分布不均匀；白色颗粒状影像较小且含量少。大面积的深灰色影像部分对应了岩石中的斜长石；浅灰色影像可能对应了岩石中的暗色矿物（辉石、角闪石和黑云母）；在局部放大的图像中观察到浅灰色影像中可以再细致区分出不同的灰度值，这些灰度值差异可能与它们所对应的暗色矿物不同有关。高亮的白色影像可能对应了高密度的金属矿物或其他副矿物。

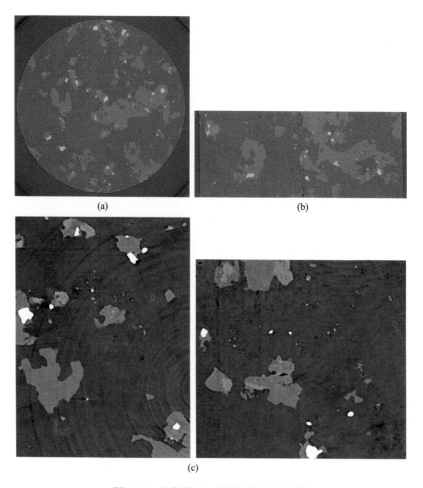

图 2-35　闪长岩 CT 扫描原始灰度图像

（a）、（b）为 CT 扫描整体图像横截面和纵截面，（c）为一个 500×670×620 体像素，
即 1625μm×2177.5μm×2015μm 体积内两个不同方向的切面

　　对所截取的 500×670×620 体像素（1625μm×2177.5μm×2015μm）的体积进行三维结构可视化，见图 2-36。体渲染图主要显示暗色矿物（辉石、角闪石、黑云母）的形态和分布，它们以深灰蓝色表示；高密度副矿物以金色显示。这几种矿物都显示较好的结晶形态。密度较小的斜长石以高透明度灰粉色表示。

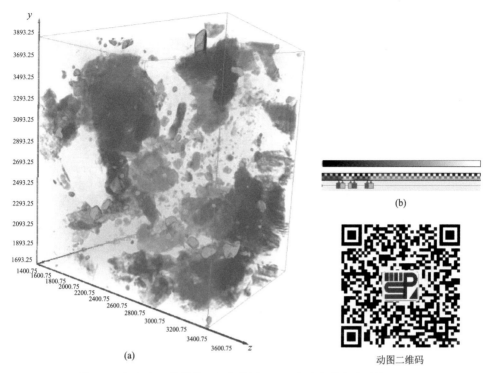

图 2-36　闪长岩三维结构可视化截图（a）、灰度与伪色彩对比（b）

2）石英闪长岩

石英闪长岩样品手标本见图 2-37。岩石呈灰白色，中粒半自形结构，块状构造，主要由斜长石、普通角闪石、黑云母和石英组成。

图 2-37　石英闪长岩手标本照片（样品来源：浙江省湖州市德清县）

石英闪长岩样品薄片偏光显微照片见图 2-38。样品薄片为中粒半自形粒状结构，块状构造。矿物组成：斜长石（65%）、普通角闪石（5%）、黑云母（15%）、石英（15%）。斜长石呈半自形柱状，粒径 0.3~1.0mm，发育聚片双晶、卡钠联合双晶，多为中性斜长石，可见有环带结构，个别斜长石边部生长有少量碱性长石；石英多为它形粒状；黑云母呈半自形片状，一组极完全解理，部分颗粒见有绿泥石化蚀变；普通角闪石呈半自形长柱状，粒径较大，为 0.2~0.5mm，横截面为六边形或菱形，多见有简单双晶；副矿物有榍石、磷灰石、磁铁矿等。

(a)　　　　　　　　　　　　　　　　　(b)

图 2-38　石英闪长岩样品薄片单偏光（a）和正交偏光（b）显微照片

石英闪长岩 CT 扫描样品直径 6mm，分辨率 2.94μm。CT 扫描原始灰度图像见图 2-39。图像中几乎未见孔隙，主要有 3 个灰度值，其中中灰色影像占比最高，应对应斜长石；浅灰色影像应对应暗色矿物（以角闪石为主）；深灰色影像应对应石英。

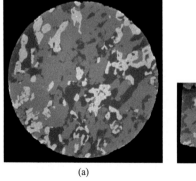

(a)　　　　　　　　　　　　　　　　　(b)

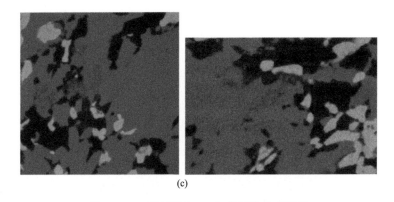

(c)

图 2-39 石英闪长岩 CT 扫描原始灰度图像

（a）、（b）为 CT 扫描整体图像横截面和纵截面，（c）为一个 1000×1000×700 体像素，
即 2940μm×2940μm×2058μm 体积内两个不同方向的切面

对所截取的 1000×1000×700 体像素（2940μm×2940μm×2058μm）的体积进行三维结构可视化，见图 2-40。体渲染图中长石以高透明度的蓝紫色表示；石英以白色显示，暗色矿物（角闪石）以深青绿色显示。总体显示颗粒状结构，颗粒分布不均匀。

(a)

(b)

动图二维码

图 2-40 石英闪长岩三维结构可视化截图（a）、灰度与伪色彩对比（b）

2.3.2　中性喷出岩

粗面安山岩

粗面安山岩样品手标本见图 2-41。岩石为灰黑色，斑状结构，块状构造。斑晶主要由斜长石、透长石和黑云母组成，基质为隐晶质。

图 2-41　粗面安山岩手标本照片（样品来源：浙江省杭州市余杭区）

粗面安山岩样品薄片偏光显微照片见图 2-42。样品薄片为斑状结构，斑晶为斜长石、透长石和黑云母，长石斑晶粒径一般为 0.3～0.8mm，黑云母斑晶较小，通常小于 0.5mm；基质为隐晶质结构。斑晶占总体积 60%，其中斜长石约为 35%，

(a)　　　　　　　　　　　　　　　　　　(b)

图 2-42　粗面安山岩样品薄片单偏光（a）和正交偏光（b）显微照片

透长石约为 20%，黑云母约为 5%。岩石整体蚀变较为严重，据蚀变类型中出现绢云母化和高岭土化判断部分斑晶原为斜长石；透长石斑晶沿裂纹发生蚀变，颗粒表面大多相对较为干净；黑云母颗粒较新鲜，未发生暗化现象。

粗面安山岩 CT 扫描样品直径 8mm，分辨率 2.94μm。CT 扫描原始灰度图像见图 2-43。图像中含少量黑色影像，对应孔隙，固体部分包含中灰色主体成分影像、破碎颗粒状的稍浅灰度值影像、近于白色的长条状颗粒影像及少量微小颗粒状高亮度白色影像，推测它们分别对应岩石中的基质部分、长石斑晶、黑云母斑晶和金属矿物。

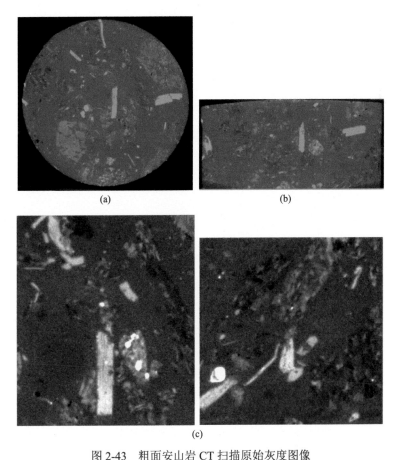

(a)　　　　　　　　　　　(b)

(c)

图 2-43　粗面安山岩 CT 扫描原始灰度图像

（a）、（b）为 CT 扫描整体图像横截面和纵截面，（c）为一个 650×750×650 体像素，即 1911μm×2205μm×1911μm 体积内两个不同方向的切面

对所截取的 650×750×650 体像素（1911μm×2205μm×1911μm）的体积进行三维结构可视化，见图 2-44。体渲染图中，孔隙以高饱和度蓝色显示，主要分

布在蚀变后的长石颗粒内部；占比最高的长石（包括斜长石和透长石）以高透明度的浅灰色表示；蚀变后的斜长石以绿色显示；黑云母以皮粉色表示；金属矿物以金色表示。该样品内部结构十分复杂，不同矿物颗粒大小形态各异。

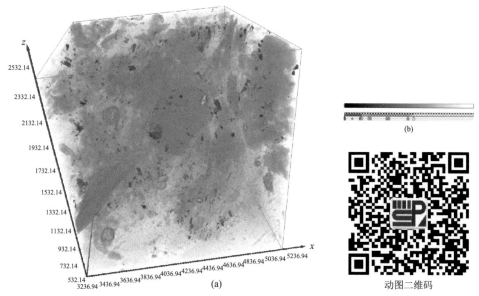

图 2-44　粗面安山岩三维结构可视化截图（a）、灰度与伪色彩对比（b）

2.4　酸性火成岩

2.4.1　酸性侵入岩

1）石英二长斑岩

石英二长斑岩样品手标本见图 2-45。岩石呈灰红色，具有斑状结构，块状构造。可见肉红色的钾长石斑晶和白色的斜长石斑晶，还存在少量的黑云母斑晶，基质为隐晶质。

石英二长斑岩样品薄片偏光显微照片见图 2-46。样品薄片为斑状结构，基质为微晶结构；块状构造。斑晶矿物组成：钾长石 15%，斜长石 10%，石英 3%，黑云母 2%；基质由微粒长英质矿物组成。石英斑晶为半自形-它形粒状，粒径为 0.4～1.0mm，无解理，多发育熔蚀结构；斜长石斑晶为半自形板柱状，粒径为 0.3～0.8mm，聚片双晶，表面有绢云母化和碳酸盐化蚀变；黑云母斑晶为片状，边部多有蚀变。基质为由长石、石英微晶组成的微粒结构。

图 2-45 石英二长斑岩手标本照片（样品来源：浙江省湖州市）

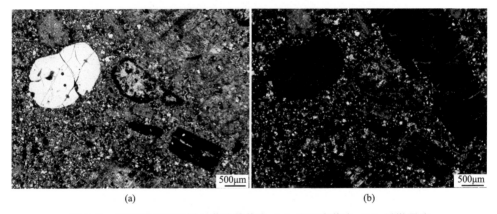

(a) (b)

图 2-46 石英二长斑岩样品薄片单偏光（a）和正交偏光（b）显微照片

石英二长斑岩 CT 扫描样品边长 15mm，分辨率 5.9μm。考虑到该样品中斑晶颗粒达到厘米级，CT 扫描样品选取位置避开了大的斑晶颗粒，取在具有较小粒度斑晶部分。CT 扫描的原始灰度图像见图 2-47。图中可见近于黑色是微小孔隙；主体成分为中灰色，对应长英质矿物组成的微晶或隐晶质；存在灰度值与基质接近的较大颗粒，应属石英或长石颗粒；灰度值更高的浅灰色颗粒，可能对应岩石中的黑云母等暗色矿物；高亮度的细小颗粒应对应了高密度金属矿物等副矿物。

对所截取的 900×850×700 体像素（5310μm×5015μm×4130μm）的体积进行三维结构可视化，见图 2-48。体渲染图中灰褐色对应原始灰度图像中以黑色显示的孔隙、裂隙，分布不均匀，成群分布时一般对应长石颗粒中较多发育的蚀变裂隙；石英和长石分别以杏黄色和青绿色呈现，这两种矿物颗粒相间分布，占体积比约 90%；紫蓝色对应黑云母；白色对应金属矿物等副矿物，它们的分布常常与暗色矿物密切相关。

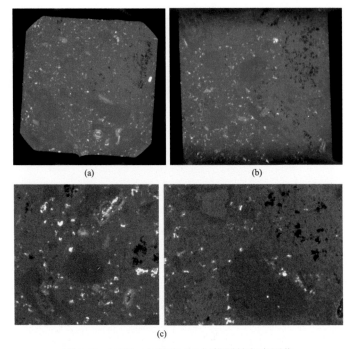

(a)   (b)

(c)

图 2-47　石英二长斑岩 CT 扫描原始灰度图像

（a）、（b）为 CT 扫描整体图像横截面和纵截面，（c）为一个 900×850×700 体像素，
即 5310μm×5015μm×4130μm 体积内两个不同方向的切面

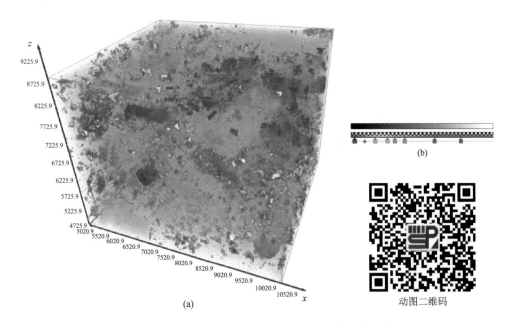

动图二维码

图 2-48　石英二长斑岩三维结构可视化截图（a）、灰度与伪色彩对比（b）

2）钾长花岗岩

钾长花岗岩手标本见图 2-49。样品呈肉红色，中粗粒结构，块状构造，主要由钾长石、石英和少量的黑云母组成。

图 2-49　钾长花岗岩手标本照片（样品来源：浙江省湖州市德清县）

钾长花岗岩样品薄片偏光显微照片见图 2-50。样品薄片为细粒半自形粒状结构，块状构造。岩石矿物组成：石英含量约 45%，碱性长石含量约 40%，斜长石含量约 15%，黑云母含量约 1%。副矿物可见磷灰石。碱性长石为半自形板状，粒径为 0.3～1.0mm，表面高岭土化蚀变强烈，多为条纹长石，发育条纹结构；斜长石为半自行板状，粒径为 0.2～0.6mm，颗粒表面高岭土化蚀变严重，且核部蚀变程度高于边部，部分颗粒可见聚片双晶；石英为它形粒状，表面干净，粒径为 0.2～0.5mm，个别颗粒边部和长石反应形成蠕虫结构；黑云母为片状，含量较低，粒径为 0.2～0.5mm，多发生绿泥石化蚀变。

钾长花岗岩 CT 扫描样品直径 10mm，分辨率 2.94μm。CT 扫描原始灰度图像见图 2-51。图中可见三个灰度值：占比接近的深灰色影像和浅灰色影像，以及少量的高亮影像。其中主体深灰色影像对应了岩石中的石英；浅灰色影像对应了两类长石，条纹长石可见明显的暗色出溶条纹；高亮度的近白色和白色影像对应黑云母和金属矿物等副矿物。

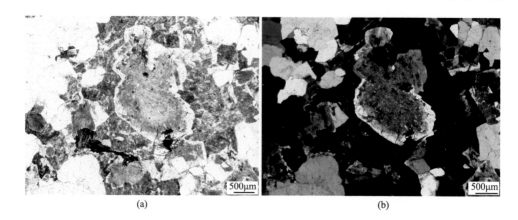

图 2-50　钾长花岗岩样品薄片单偏光（a）和正交偏光（b）显微照片

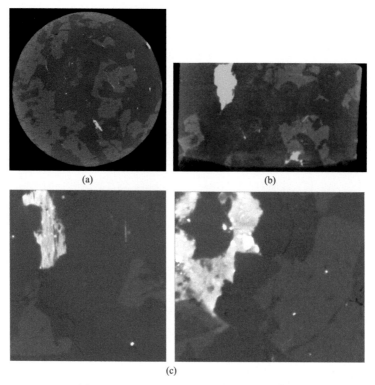

图 2-51　钾长花岗岩 CT 扫描原始灰度图像

（a）、（b）为 CT 扫描整体图像横截面和纵截面，（c）为一个 800×850×750 体像素，
即 2352μm×2499μm×2205μm 体积内两个不同方向的切面

　　对所截取的 800×850×750 体像素（2352μm×2499μm×2205μm）的体积进行三维结构可视化，见图 2-52。其中石英成分以高透明度蓝色表示；长石以青绿

色表示，其形态不规则；浅杏色块体对应黑云母，具层状结构[对比图 2-7（c）左图]；褐色代表高密度金属矿物等副矿物，数量较少，多分布于黑云母颗粒周边。

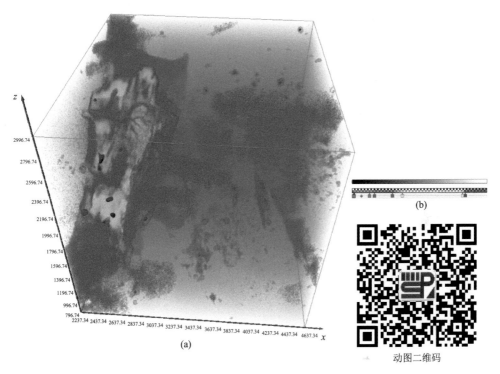

(a)

(b)

动图二维码

图 2-52 钾长花岗岩三维结构可视化截图（a）、灰度与伪色彩对比（b）

3）二长花岗岩

二长花岗岩样品手标本见图 2-53。样品呈浅灰白色，似斑状结构，块状构造。钾长石斑晶可达 2cm，基质主要由钾长石、斜长石、石英和黑云母组成。

二长花岗岩样品薄片偏光显微照片见图 2-54。样品薄片为似斑状结构，块状构造，斑晶为碱性长石，基质为细粒半自形粒状结构。矿物组成：碱性长石约 40%～45%，石英约 30%，斜长石约 25%，以及少量的黑云母。碱性长石，主要为条纹长石和微斜长石，薄片中斑晶粒径可达 5mm 左右，包裹有石英和斜长石颗粒，基质中碱性长石粒径为 0.2～1.2mm，多为半自形-它形板状，条纹长石发育条纹结构，微斜长石发育格子双晶，两类长石表面蚀变均较弱；斜长石为半自形板状，粒径为 0.2～0.6mm，颗粒普遍小于碱性长石，聚片双晶和卡钠联合双晶发育，颗粒表面干净，蚀变极弱；石英为它形粒状，表面干净，粒径为 0.2～0.5mm；较为自形的石英颗粒常被碱性长石包裹。黑云母为半自形片状。

图 2-53　二长花岗岩手标本照片（样品来源：福建省福州市）

(a)　　　　　　　　　　　　　　　　(b)

图 2-54　二长花岗岩样品薄片单偏光（a）和正交偏光（b）显微照片

　　二长花岗岩 CT 扫描样品直径 10mm，分辨率 2.94μm。CT 扫描原始灰度图像见图 2-55。图像中可见少量孔隙，主体部分以浅灰色影像最多，深灰色影像次之，金白色或白色影像含量少。推测深灰色影像对应石英；占主体中的浅灰色影像对应两类长石（仔细分辨可见浅灰色包含两个色度）；少量的近白色影像对应黑云母；高亮白色影像对应高密度的副矿物。

　　对所截取的 820×810×660 体像素（2410.8μm×2381.4μm×1940.4μm）的体积进行三维结构可视化，见图 2-56。体渲染图中，孔隙以高饱和度的蓝色呈现，数量极少；高密度的副矿物以红色显示，它们零散分布，形态、大小差异较大；石英以绿色表示；两类长石分别用黄色和浅灰紫色表示（由于未做成分分析，难以准确区分钾长石和斜长石）。

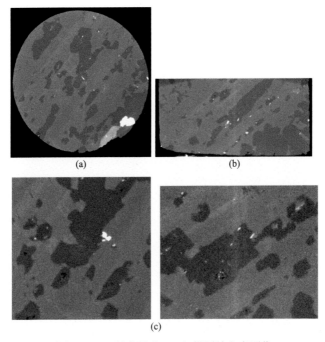

图 2-55 二长花岗岩 CT 扫描原始灰度图像

（a）、（b）为 CT 扫描整体图像横截面和纵截面，（c）为一个 820×810×660 体像素，
即 2410.8μm×2381.4μm×1940.4μm 体积内两个不同方向的切面

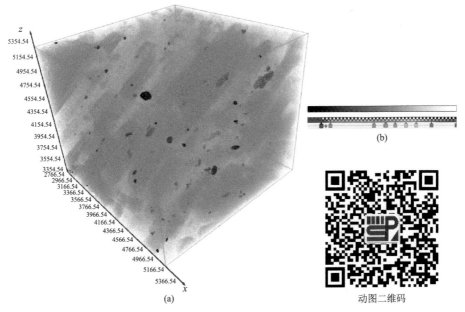

图 2-56 二长花岗岩三维结构可视化截图（a）、灰度与伪色彩对比（b）

2.4.2　酸性喷出岩

1）流纹岩

流纹岩样品手标本见图 2-57。岩石呈灰红色，无斑隐晶质结构，流纹构造。

1cm　　1cm　　1cm　　1cm

图 2-57　流纹岩手标本照片（样品来源：浙江省杭州市余杭区）

流纹岩样品薄片偏光显微照片见图 2-58。样品薄片为霏细结构，流纹构造。岩石整体由长英质物质和玻璃组成，玻璃质脱玻化后形成长英质微晶。岩石中可见因流动作用而成的定向拉长特征。

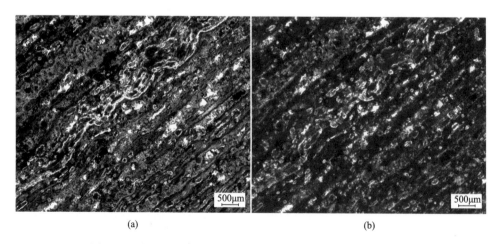

500μm　　　　　　　　　　500μm

(a)　　　　　　　　　　　　　　(b)

图 2-58　流纹岩样品薄片单偏光（a）和正交偏光（b）显微照片

流纹岩 CT 扫描样品直径 4mm，分辨率 1.6μm。CT 扫描原始灰度图像见图 2-59。图像中可见 4 个灰度：黑色部分对应孔隙、裂隙；占主体的两个中间灰度值很接近，可能分别对应长英质中的石英和长石，这两个不同灰度成分的影像本身表现为颗粒状，但它们总体呈层状分布，表现出典型的流纹构造特征；高亮度的白色影像占比小，应为高密度的矿物颗粒。

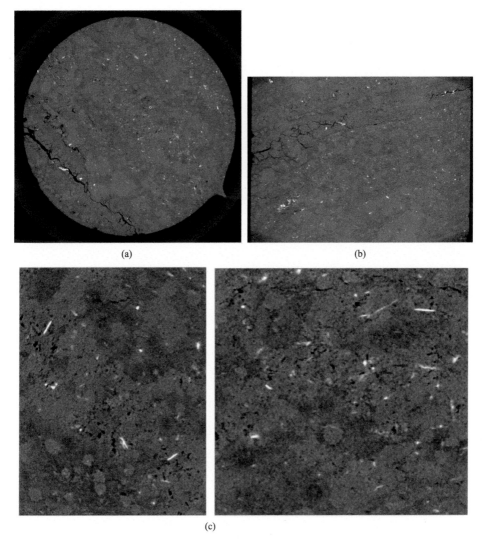

图 2-59　流纹岩 CT 扫描原始灰度图像

（a）、（b）为 CT 扫描整体图像横截面和纵截面，（c）为一个 600×780×570 体像素，
即 960μm×1248μm×912μm 体积内两个不同方向的切面

对所截取的 600×780×570 体像素（960μm×1248μm×912μm）的体积进行三维结构可视化，见图 2-60。图中可见具一定层状分布的小裂缝（蓝色）和大小差异较大的高密度矿物（黄色）；主体部分两个略有差异的长英质成分分别以青绿色和浅杏色表示，它们各自呈球状颗粒，但总体表现出层状构造。

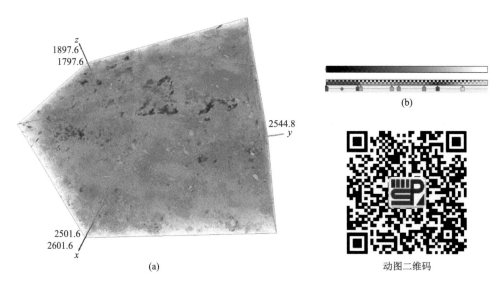

图 2-60　流纹岩三维结构可视化截图（a）、灰度与伪色彩对比（b）

2）浮岩（N16）

浮岩样品手标本见图 2-61。岩石呈黑色，比重小，具有气孔状构造，气孔数量多且大小分布不均，气孔多呈圆形或次圆形，气孔内壁较为光滑。

浮岩样品薄片偏光显微照片见图 2-62。岩石由黑色玻璃组成，气孔状构造极为发育。

浮石样品中主要结构为孔隙且孔隙尺度较大，CT 扫描样品未加工为规则形状，对一块约 50mm 的不规则样品以 61μm 分辨率进行扫描。CT 扫描原始灰度图像见图 2-63。图像中可见两个尺度的孔隙：占主体的大孔隙，以及孔壁内的小孔隙。固体部分无明显灰度值差异，为均质的火山玻璃。

对所截取的 150×150×150 体像素（9150μm×9150μm×9150μm）的体积进行三维结构可视化，见图 2-64。图中主要显示孔隙和固体之间的分界面（即等值面），结合体渲染显示。可见大的孔隙之间直接接触、连通极少，大孔隙之间孔壁内的小孔隙往往构成大孔隙之间连接的通道。这些结构的形成是岩浆中气体运移与黏性流体冷却、固结过程之间相互作用的结果。

图 2-61 浮岩手标本照片（样品来源：黑龙江省黑河市五大连池市）

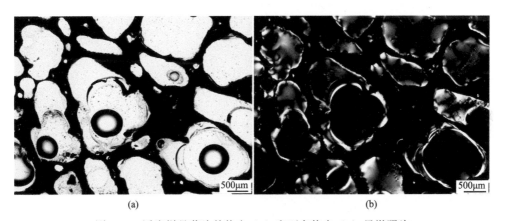

(a)   (b)

图 2-62 浮岩样品薄片单偏光（a）和正交偏光（b）显微照片

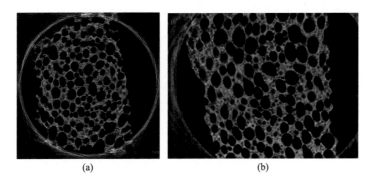

(a)   (b)

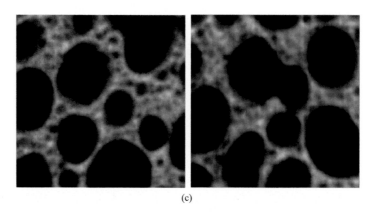

(c)

图 2-63 浮岩 CT 扫描原始灰度图像

（a）、（b）为 CT 扫描整体图像横截面和纵截面，（c）为一个 150×150×150 体像素，
即 9150μm×9150μm×9150μm 体积内两个不同方向的切面

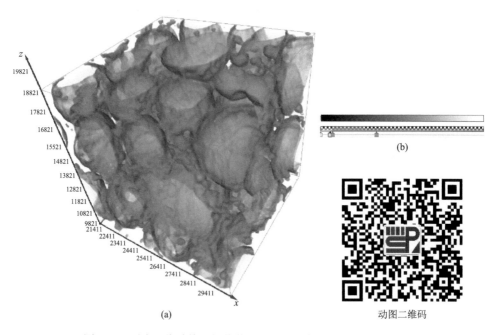

(a)　　　　　　　　　　　　　　动图二维码

图 2-64 浮岩三维结构可视化截图（a）、灰度与伪色彩对比（b）

第3章 沉 积 岩

沉积岩为通过风化、剥蚀等作用，由流水、风等将物质搬运到不同位置之后，经过沉积、压实和固结作用形成的岩石。不同沉积环境形成的沉积岩在矿物成分、颜色、粒度、分选性、磨圆度和层理等方面差异极大。

3.1 碎 屑 岩

3.1.1 砾岩类

1）砾岩

砾岩样品手标本见图 3-1。岩石整体呈现棕黄色，砾状结构，块状构造。砾石大小不一，最大直径约为 4cm，最小的直径约几毫米；多呈次棱角状，磨圆度较差，分选性差。碎屑组分主要为各种岩屑，泥质胶结。

图 3-1 砾岩手标本照片（样品来源：山东省济南市长清区）

　　砾岩样品薄片偏光显微照片见图 3-2。样品薄片为碎屑结构,碎屑颗粒主要为岩屑、石英、长石,岩屑约占 60%,粒径 0.5～3mm,分选性和磨圆度差,石英20%～30%,表面较为光滑,以它形粒状为主,长石约占 10%,可见少量长石双晶。填隙物为泥质,孔隙式胶结。

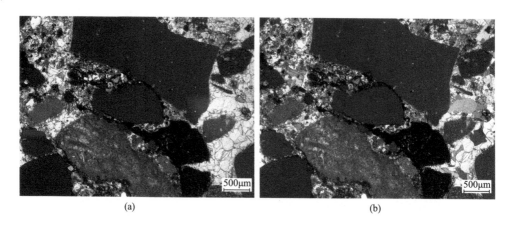

(a)　　　　　　　　　　　　　　　　　　(b)

图 3-2　砾岩样品薄片单偏光(a)和正交偏光(b)显微照片

　　砾岩 CT 扫描样品直径 10mm,分辨率 2.94μm。CT 扫描原始灰度图像见图 3-3。图像中可见大部分颗粒的颜色为浅灰色,少量颗粒呈中灰色;颗粒分选性不好、形态各异。颗粒之间胶结紧密,但颗粒边界可识别,显示为低灰度值,表明胶结物的密度低于碎屑颗粒密度(泥质胶结)。几乎不含未充填裂缝;也未见明显孔隙。

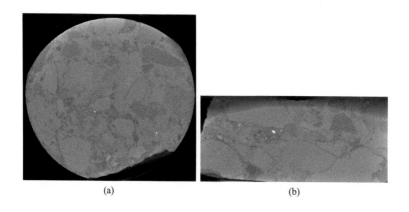

(a)　　　　　　　　　　　　　　(b)

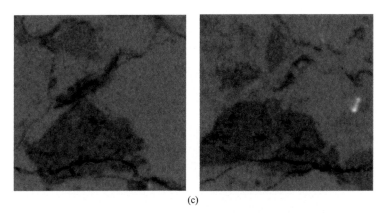

(c)

图 3-3 砾岩 CT 扫描原始灰度图像

（a）、（b）为 CT 扫描整体图像横截面和纵截面，（c）为一个 400×400×400 体像素，
即 1176μm×1176μm×1176μm 体积内两个不同方向的切面

对所截取的 400×400×400 体像素（1176μm×1176μm×1176μm）的体积进行三维结构可视化，见图 3-4。体渲染图中以高透明度的浅紫色表示碎屑颗粒；深青绿色表示泥质胶结物，其中依稀可辨的裂缝以白色表示；杏黄色表示高密度的微小矿物颗粒。该图体渲染所观测的区域范围较小，颗粒形态不完整，主要呈现颗粒与胶结关系。当体渲染范围较大时，可见大小不一的颗粒，表明分选性差。

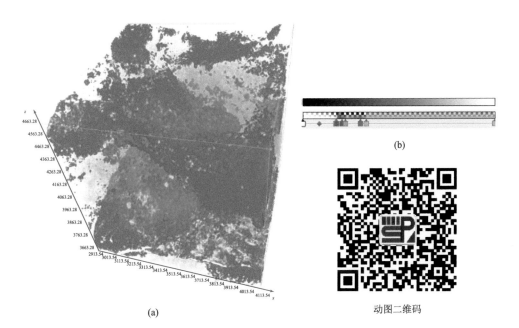

(a)

(b)

动图二维码

图 3-4 砾岩三维结构可视化截图（a）、灰度与伪色彩对比（b）

2）砂砾岩

砂砾岩样品手标本见图 3-5。岩石为砾状-砂状结构，块状构造，细砂至粗砂级，含少量大颗粒砾石，粒径大多超过 1cm。磨圆状-（次）棱角状，分选性差，泥质胶结。可见较多的孔隙。

图 3-5　砂砾岩手标本照片（样品来源：湖南省怀化市麻阳苗族自治县）

砂砾岩样品薄片偏光显微照片见图 3-6。样品薄片为碎屑结构，岩屑约占30%，粒径 0.3～1.0mm，磨圆度差；石英约占 30%，少量颗粒有次生加大现象，粒径 0.1～0.5mm；长石约占 10%，粒径 0.1～0.5mm；填隙物为黏土，基底式胶结。

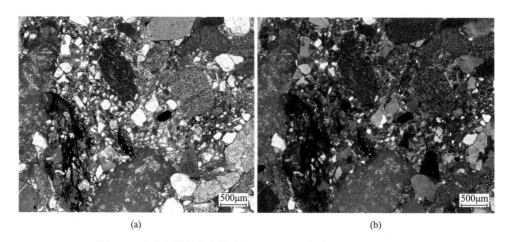

(a)　　　　　　　　　　　　　　　　　(b)

图 3-6　砂砾岩样品薄片单偏光（a）和正交偏光（b）显微照片

砂砾岩 CT 扫描样品直径 6mm，分辨率 3.25μm。CT 扫描原始灰度图像见图 3-7。图像中可见颗粒边缘和颗粒内部的小孔隙，尽管手标本上可见较大孔隙，但 CT 扫描范围内孔隙极少；颗粒大小差异大、形态各异，颗粒的灰度值较周围介质灰度值略低。

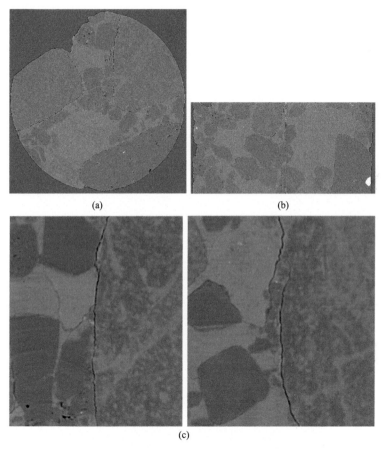

(a)   (b)

(c)

图 3-7　砂砾岩 CT 扫描原始灰度图像

（a）、（b）为 CT 扫描整体图像横截面和纵截面，（c）为一个 550×650×600 体像素，即 1787.5μm×2112.5μm×1950μm 体积内两个不同方向的切面

对所截取的 550×650×600 体像素（1787.5μm×2112.5μm×1950μm）的体积进行三维结构可视化，见图 3-8。体渲染以蓝紫色表示孔隙和裂缝，孔隙主要集中出现在几个碎屑颗粒中。一条裂缝将所截取的体积一分为二，一侧可见若干低密度值的矿物颗粒，磨圆度较好，应为石英，以深青绿色表示；另一侧为以岩屑颗粒，内部成分不均匀。另有高密度的微小矿物颗粒，以粉红色表示，数量不多，局部呈团簇状分布。注意该样品 CT 图像中包含较明显的环状伪影。

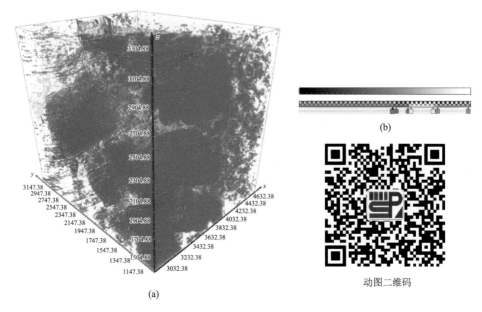

(a)

(b)

动图二维码

图 3-8 砂砾岩三维结构可视化截图（a）、灰度与伪色彩对比（b）

3.1.2 砂岩

1）石英砂岩

石英砂岩样品手标本见图 3-9。岩石新鲜面为灰白色，风化面为土黄色，砂状结构，块状构造。石英含量 90%左右，分选性好，硅质胶结，致密坚硬。

1cm 1cm 1cm 1cm

图 3-9 石英砂岩手标本照片（样品来源：浙江省湖州市长兴县）

　　石英砂岩样品薄片偏光显微照片见图 3-10。碎屑结构，主要碎屑为石英，占90%以上，粒径为 0.25～0.50mm，以它形粒状为主，表面较为光滑，部分颗粒有麻点和微裂隙，少量石英颗粒含包裹体，或有次生加大边。胶结物为硅质，胶结类型为孔隙式胶结。

(a)　　　　　　　　　　　　　　　　　　　(b)

图 3-10　石英砂岩样品薄片单偏光（a）和正交偏光（b）显微照片

　　石英砂岩 CT 扫描样品直径 6mm，分辨率 3.25μm。CT 扫描原始灰度图像见图 3-11。图像中可见不规则形状的孔隙，呈黑色影像的孔隙周围多伴随白色影像，可能是成岩后流体造成高密度的矿物沉淀形成。样品由高纯度的石英颗粒组成且为硅质胶结，由于 CT 图像无法如偏光显微镜一样根据结晶轴方向分辨矿物颗粒，因此整体显示均一的颜色；另外样品中含少量微小白色影像颗粒，对应高密度矿物。

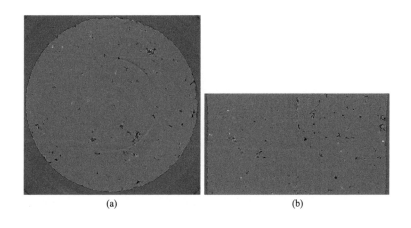

(a)　　　　　　　　　　　　　　(b)

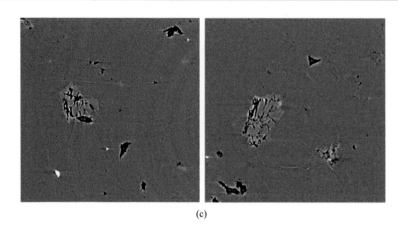

(c)

图 3-11　石英砂岩 CT 扫描原始灰度图像

（a）、（b）为 CT 扫描整体图像横截面和纵截面，（c）为一个 350×350×350 体像素，
即 1137.5μm×1137.5μm×1137.5μm 体积内两个不同方向的切面

对所截取的 350×350×350 体像素（1137.5μm×1137.5μm×1137.5μm）的体积进行三维结构可视化，见图 3-12。主体石英成分以透明度极高的浅灰色显示，孔隙以蓝色显示，高密度矿物以金色表示。可见样品中包含较多孔隙，大小不一，孔隙与高密度矿物共生明显，少量呈颗粒状的高密度矿物与孔隙不相关。

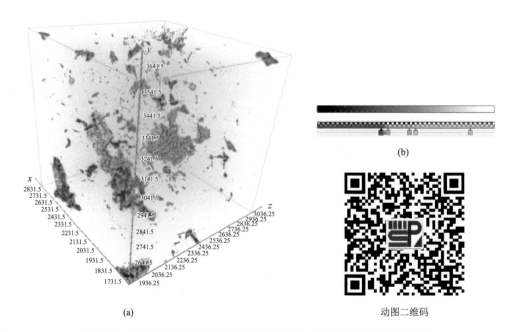

图 3-12　石英砂岩三维结构可视化截图（a）、灰度与伪色彩对比（b）

2）长石砂岩

长石砂岩样品手标本见图 3-13。岩石呈红褐色，砂状结构，块状构造。粒径多为 0.2～1.0mm，少数颗粒较大，分选性中等。颗粒支撑，孔隙式胶结。主要成分为石英，烟灰色，粒状，油脂光泽；正长石，肉红色，棱角状-次棱角状。

图 3-13　长石砂岩手标本照片（样品来源：河北省秦皇岛市）

长石砂岩样品薄片偏光显微照片见图 3-14。碎屑结构，主要碎屑为长石和石英。石英约占 40%，粒径为 0.25～0.60mm，表面较为光滑，以它形粒状为主，石英中偶见包裹体。长石约占 50%，以正长石为主，粒径为 0.3～1.2mm，以板状、柱状为主，偶见卡式双晶；斜长石聚片双晶、格子双晶常见。填隙物为黏土，约占 10%，胶结类型为孔隙式胶结。

(a)　　　　　　　　　　　　　　　　(b)

图 3-14　长石砂岩样品薄片单偏光（a）和正交偏光（b）显微照片

长石砂岩 CT 扫描样品直径 6mm，分辨率 3.25μm。CT 扫描原始灰度图像见图 3-15。图像中可见较多不规则孔隙和裂隙；固体部分除少量浅色或近于白色微小颗粒外，主体部分可以隐约分辨两个不同级别的灰度，分别对应石英和长石。灰度值较低（略深的灰色）的颗粒中几乎没有孔隙，对应石英；略高灰度值（略浅的灰色）的颗粒中往往存在大量孔隙和裂隙，对应长石。

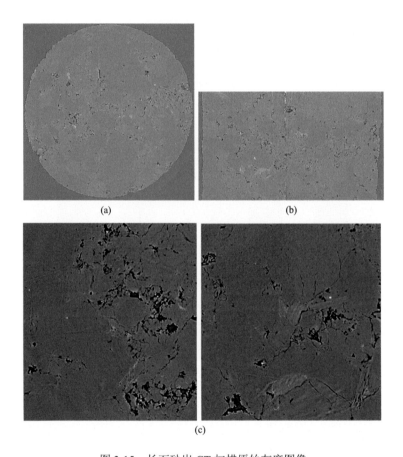

(a)

(b)

(c)

图 3-15   长石砂岩 CT 扫描原始灰度图像

（a）、（b）为 CT 扫描整体图像横截面和纵截面，（c）为一个 560×620×600 体像素，
即 1820μm×2015μm×1950μm 体积内两个不同方向的切面

对所截取的 560×620×600 体像素（1820μm×2015μm×1950μm）的体积进行三维结构可视化，见图 3-16。其中高饱和度蓝色表示孔隙和裂隙，孔隙裂隙较为发育，形态不规则；湖蓝色表示石英、霞粉色表示长石，二者结合紧密，部分颗粒之间边缘存在裂隙；另外高密度矿物以黄色表示，大量高密度矿物与孔隙、裂隙共生，少量独立于孔隙存在。

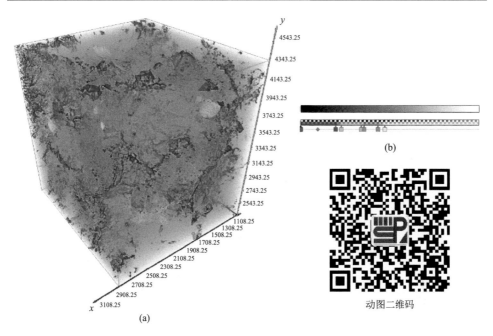

图 3-16 长石砂岩三维结构可视化截图（a）、灰度与伪色彩对比（b）

3）细砂岩

细砂岩样品手标本见图 3-17。岩石标本整体致密坚硬，新鲜面为灰黑色，风化面呈灰黄色，粉砂状结构，块状构造。矿物成分以石英、长石为主，粒度均匀，分选性好，硅质胶结。

图 3-17 细砂岩手标本照片（样品来源：浙江省杭州市临安区）

细砂岩样品薄片偏光显微照片见图 3-18。样品薄片为碎屑结构，主要碎屑矿物为石英和长石。石英约占 40%，粒径为 0.05~0.1.0mm，较为光滑，以它形粒状为主；长石约占40%，粒径为0.05~0.10mm，见斜长石聚片双晶；白云母约占10%，以片状为主。填隙物为硅质，基底式胶结。

(a)　　　　　　　　　　　　　　　　(b)

图 3-18　细砂岩样品薄片单偏光（a）和正交偏光（b）显微照片

细砂岩 CT 扫描样品直径 3mm，分辨率 1.1μm。CT 扫描原始灰度图像见图 3-19。图像中可见孔隙和白色影像矿物，主体部分深灰色和浅灰色含量接近，深灰色部分具有更完整颗粒形状，浅灰色影像充填于深灰色颗粒之间。推测深灰色影像对应石英，浅灰色影像对应长石，白色影像对应白云母。

对所截取的 293×321×279 体像素（322.2μm×353.1μm×306.9μm）的体积进行三维结构可视化，见图 3-20。其中蓝色表示孔隙，金色表示白云母，肉红色表示长石，蓝绿色表示石英。结构中孔隙大小不一、分布不均匀；石英颗粒形态清楚；白云母粒度大小与石英颗粒接近。

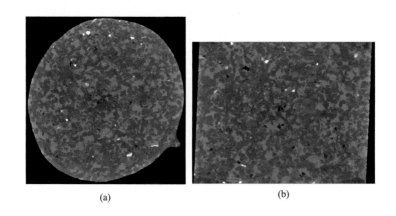

(a)　　　　　　　　　　　　　(b)

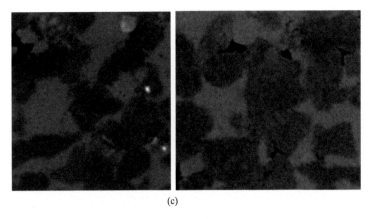

(c)

图 3-19 细砂岩 CT 扫描原始灰度图像

（a）、（b）为 CT 扫描整体图像横截面和纵截面，（c）为一个 293×321×279 体像素，
即 322.2μm×353.1μm×306.9μm 体积内两个不同方向的切面

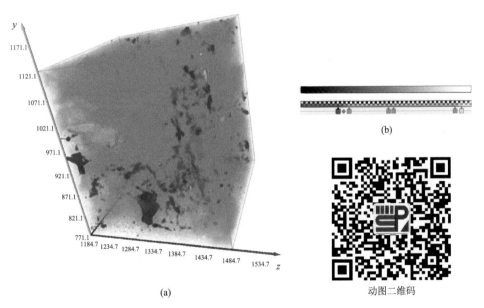

(a)

动图二维码

图 3-20 细砂岩三维结构可视化截图（a）、灰度与伪色彩对比（b）

4）粉砂岩

粉砂岩样品手标本见图 3-21。岩石新鲜面为灰黑色，风化面呈灰黄色，粉砂状结构，块状构造。矿物粒度细小均匀，断口贝壳状，硅质胶结。

粉砂岩样品薄片偏光显微照片见图 3-22。视域较暗，矿物颗粒分布相对均匀，粒径细小（<0.01mm），颗粒边界模糊。单偏光镜下黑色圆球状颗粒为黄铁矿，在部分区域聚集成片。

图 3-21　粉砂岩手标本照片（样品来源：浙江省杭州市临安区）

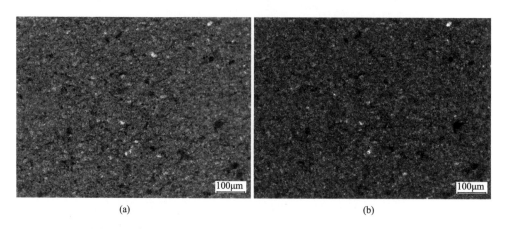

(a)　　　　　　　　　　　　　　　　　　　　(b)

图 3-22　粉砂岩样品薄片单偏光（a）和正交偏光（b）显微照片

　　粉砂岩 CT 扫描样品直径 2mm，分辨率 0.7μm。CT 扫描原始灰度图像见图 3-23。图像中仅见均匀的中灰色影像中包含近于均匀分布的白色点状影像，局部灰度值较低，可能对应微小孔隙。局部放大图像可以看到较明显的深、浅灰度差异，大致呈颗粒状，但颗粒的边界不清楚。

　　对所截取的 100×100×100 体像素（70μm×70μm×70μm）的体积进行三维结构可视化，见图 3-24。其中蓝色表示孔隙，红色表示黄铁矿（对应原始灰度图像中白色影像），灰色和杏色对应不同的矿物颗粒（如石英和长石）。总体上不同成分的分布较均匀。

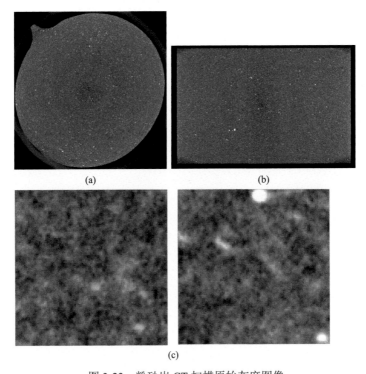

(a) (b)

(c)

图 3-23 粉砂岩 CT 扫描原始灰度图像

（a）、（b）为 CT 扫描整体图像横截面和纵截面，（c）为一个 100×100×100 体像素，
即 70μm×70μm×70μm 体积内两个不同方向的切面

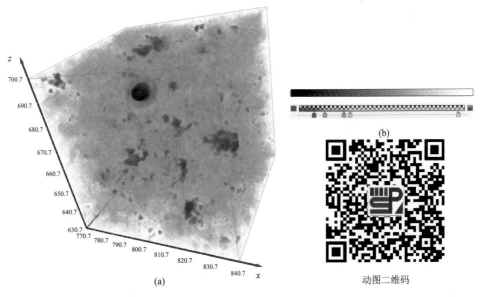

(a) 动图二维码

图 3-24 粉砂岩三维结构可视化截图（a）、灰度与伪色彩对比（b）

3.1.3　泥页岩

1）泥岩

泥岩样品手标本见图 3-25。岩石呈浅灰褐色，泥状结构，层理构造。主要由泥质和细碎屑物质组成。

图 3-25　泥岩手标本照片（样品来源：北京市房山区）

泥岩样品薄片偏光显微照片见图 3-26。镜下视域整体较暗，矿物颗粒细小，仅在脉体里面能识别出石英矿物颗粒。薄片中出现两颗粒径为 2～3mm 的石英集合体，疑似晶洞沉积成因，在石英集合体边部部分区域有明显定向排列特征。其中方形石英集合体中有 3 颗粒径约为 0.2mm 的金属颗粒（颗粒在单偏光下呈黑色）。

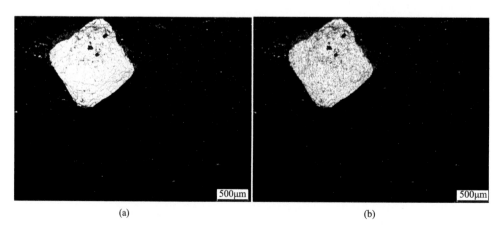

(a)　　　　　　　　　　　　　　　　　(b)

图 3-26　泥岩样品薄片单偏光（a）和正交偏光（b）显微照片

泥岩 CT 扫描样品直径 2mm,分辨率 0.7μm。CT 扫描原始灰度图像见图 3-27。图像中可见大量近于黑色的孔隙结构,大小及分布较均匀;可见浅灰色条状颗粒,但颗粒内部连贯性不好,具体成分不确定。孔隙边缘可见微小的浅灰色或白色颗粒状影像。孔隙和浅灰色影像均具有定向排列特征;样品底部可见一条灰白相间的更致密的脉体,其中浅灰色影像更不规则。除了黑色的孔隙和浅灰色影像,样品主体为较均匀的灰色。

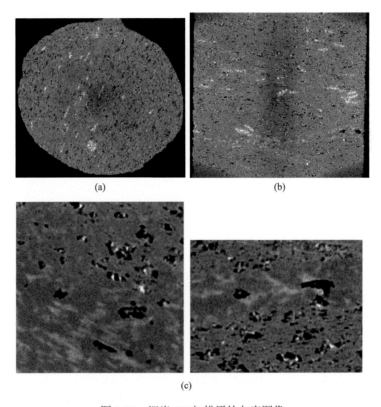

图 3-27 泥岩 CT 扫描原始灰度图像

(a)、(b) 为 CT 扫描整体图像横截面和纵截面,(c) 为一个 400×400×300 体像素,即 280μm×280μm×210μm 体积内两个不同方向的切面

对所截取的 400×400×300 体像素(280μm×280μm×210μm)的体积进行三维结构可视化,见图 3-28。图中以灰色显示孔隙,主体成分以高透明度的浅灰白色显示,粉色表示密度较高的物质。所截取体积的上半部分岩脉所在位置主要较大的孔隙;样品其余部分孔隙相对较小,呈扁平状;密度较高的物质部分零散分布于孔隙周围,另有两处成团构成薄片状;还存在少量密度更高的微小颗粒,以浅黄色显示,分布于孔隙边缘。三维图像中层理构造较明显。

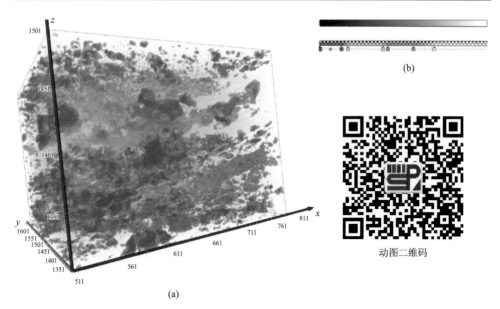

动图二维码

图 3-28 泥岩三维结构可视化截图（a）、灰度与伪色彩对比（b）

2）钙质页岩

钙质页岩样品手标本见图 3-29。岩石标本表面较为光滑，新鲜面为灰黑色，风化面为灰黄色。泥状结构，层理构造，纹层发育，钙质胶结。

图 3-29 钙质页岩手标本照片（样品来源：浙江省杭州市建德市）

钙质页岩样品薄片偏光显微照片见图 3-30。视域较暗，大部分矿物颗粒细小（<0.01mm），分布均匀，颗粒边界模糊。暗色纹层之间由细小亮色纹层间隔，在亮色纹层中少量方解石颗粒粗大，粒径最大可达 0.1mm。

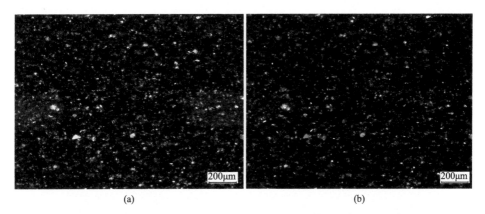

(a)   (b)

图 3-30 钙质页岩样品薄片单偏光（a）和正交偏光（b）显微照片

钙质页岩 CT 扫描样品直径 2mm，分辨率 0.7μm。CT 扫描原始灰度图像见图 3-31。图像中以中灰色和浅灰色影像为主，见少量高亮度白色颗粒状，几乎未见孔隙。

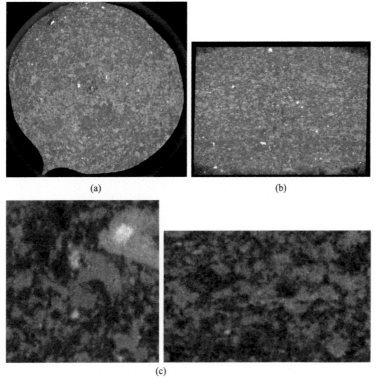

(a)   (b)

(c)

图 3-31 钙质页岩 CT 扫描原始灰度图像

（a）、（b）为 CT 扫描整体图像横截面和纵截面，（c）为一个 450×470×280 体像素，
即 315μm×329μm×196μm 体积内两个不同方向的切面

对所截取的 450×470×280 体像素（315μm×329μm×196μm）的体积进行三维结构可视化，见图 3-32。体渲染伪色彩的蓝绿色、霞红色和黄色分别对应灰度值从低到高。两个主要成分之间的结构呈现极微弱的层理，各自以颗粒状或颗粒聚集的团簇状呈现。

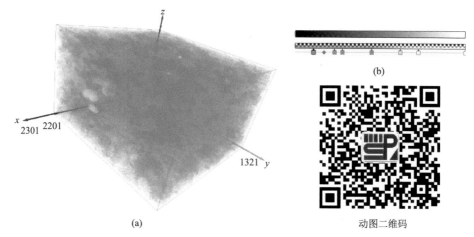

图 3-32　钙质页岩三维结构可视化截图（a）、灰度与伪色彩对比（b）

3）硅质页岩

硅质页岩样品手标本见图 3-33。岩石新鲜面为棕黄色至灰棕色，风化面为土黄色，泥状结构，层理构造。岩石纹层发育，硅泥质胶结，具有滑腻感。

图 3-33　硅质页岩手标本照片（样品来源：山东省烟台市莱阳市）

硅质页岩样品薄片偏光显微照片见图 3-34。视域整体较暗，呈纹层状。深色纹层点缀少量石英或方解石矿物颗粒（约为 0.05mm）。在亮色纹层（脉）区域，矿物颗粒较大，粒径最大可达 0.15mm，以自形半自形石英为主，并含有较多的黄铁矿。

(a)   (b)

图 3-34 硅质页岩样品薄片单偏光（a）和正交偏光（b）显微照片

硅质页岩 CT 扫描样品直径 2mm，分辨率 0.7μm。CT 扫描原始灰度图像见图 3-35。图像中可见黑色或深灰色呈现的孔隙，白色影像呈现的高密度矿物（对应黄铁矿），主体部分可分辨两个不同灰度，具体成分不确定。

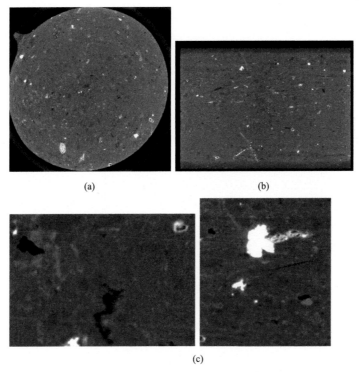

(c)

图 3-35 硅质页岩 CT 扫描原始灰度图像

（a）、（b）为 CT 扫描整体图像横截面和纵截面，（c）为一个 500×350×550 体像素，
即 350μm×245μm×385μm 体积内两个不同方向的切面

对所截取的 $500×350×550$ 体像素（$350μm×245μm×385μm$）的体积进行三维结构可视化，见图 3-36。其中孔隙、裂隙以白色表示，孔隙多呈扁平状；高密度矿物以高饱和度的蓝色表示，颗粒尺度最大可达 100μm；占主体的两种成分以湖蓝色和霞粉色表示，可见层状结构（z 轴上半部分），也可见颗粒状结构（z 轴下半部分）。

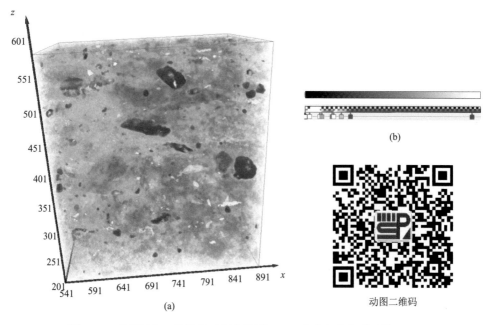

(a)

(b)

动图二维码

图 3-36　硅质页岩三维结构可视化截图（a）、灰度与伪色彩对比（b）

3.2　生物化学岩

3.2.1　碳酸盐岩

1）石灰岩

石灰岩样品手标本见图 3-37。岩石呈灰色、土灰色，泥晶结构，块状构造。岩石标本致密坚硬，遇稀盐酸起泡。

石灰岩样品薄片偏光显微照片见图 3-38。视域整体较暗，碎屑结构，含大量圆形、半圆形、长管状，以及深灰色斑点状生物碎屑颗粒，含量约为 50%；泥晶方解石胶结，胶结物约占 50%，部分颗粒重结晶，粒径为 0.05～0.1mm。

图 3-37　石灰岩手标本照片（样品来源：江苏省无锡市宜兴市）

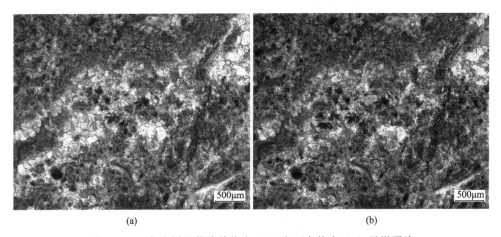

图 3-38　石灰岩样品薄片单偏光（a）和正交偏光（b）显微照片

　　石灰岩 CT 扫描样品直径 6mm，分辨率 1.934μm。CT 扫描原始灰度图像见图 3-39。图像中仅见均匀灰色，未见颗粒或孔隙；局部放大图像依然显示内部结构十分均匀，麻点状灰度差异为 CT 图像常见的灰度值波动，不代表成分差异。

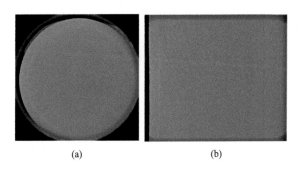

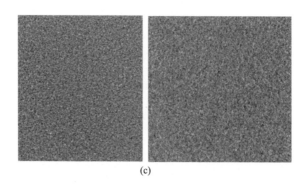

(c)

图 3-39　石灰岩 CT 扫描原始灰度图像

（a）、（b）为 CT 扫描整体图像横截面和纵截面，（c）为一个 350×400×400 体像素，
即 676.9μm×773.6μm×773.6μm 体积内两个不同方向的切面

对所截取的 350×400×400 体像素（676.9μm×773.6μm×773.6μm）的体积进行三维结构可视化，见图 3-40。内部未见任何结构。尽管薄片图像显示碎屑结构，但因其内部物质成分均一，CT 观测仅见均匀成分。

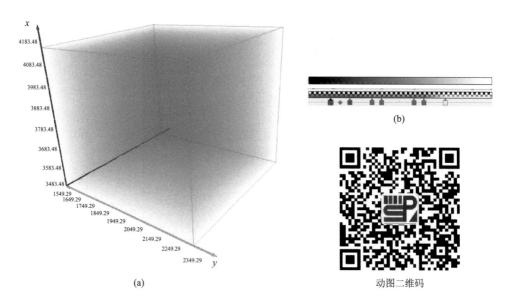

(a)　　　　　　　　　　　　　　　动图二维码

图 3-40　石灰岩三维结构可视化截图（a）、灰度与伪色彩对比（b）

2）竹叶状灰岩

竹叶状灰岩样品手标本见图 3-41。岩石标本深灰棕色，砾屑（竹叶状）结构，块状构造。标本表面光泽黯淡，砾屑以泥晶为主。

图 3-41 竹叶状灰岩手标本照片（样品来源：山东省济宁市邹城市）

　　竹叶状灰岩样品薄片偏光显微照片见图 3-42。样品薄片为碎屑结构，碎屑颗粒主要为微晶方解石岩屑，岩屑呈扁圆状或长椭圆形，形似竹叶。碎屑约占 70%～80%，粒间填隙物为微晶、粉晶或细晶等晶粒状方解石，约占 20%～30%。填隙物中另有少量长石，偶见卡氏双晶。

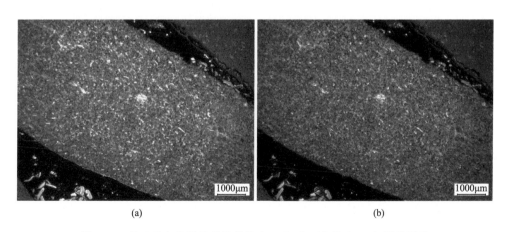

(a)   (b)

图 3-42 竹叶状灰岩样品薄片单偏光（a）和正交偏光（b）显微照片

　　竹叶状灰岩 CT 扫描样品直径 4mm，分辨率 1.557μm。CT 扫描原始灰度图像见图 3-43。图像中显示非常均匀的结构，似乎可见一个圆柱状浅色结构，可能正好对应一个椭圆状碎屑颗粒。局部放大图中可观察到少量细条状浅色影像，但是灰度值差异并不十分明显。

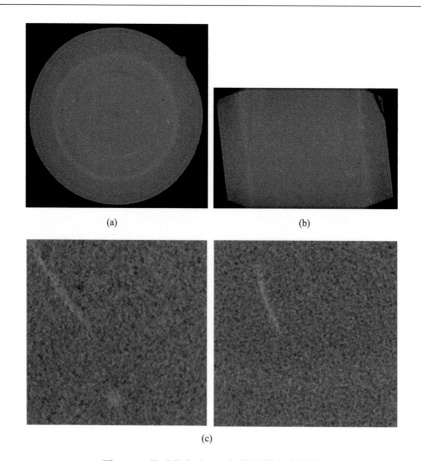

(a)　　　　　　　　　　　　　　　(b)

(c)

图 3-43　竹叶状灰岩 CT 扫描原始灰度图像

（a）、（b）为 CT 扫描整体图像横截面和纵截面，（c）为一个 300×300×300 体像素，
即 467.1μm×467.1μm×467.1μm 体积内两个不同方向的切面

对所截取的 300×300×300 体像素（467.1μm×467.1μm×467.1μm）的体积进行三维结构可视化，见图 3-44。图中可见一个较清晰的面状构造，另有一个薄层状构造和一个颗粒仅隐约可见，边缘都很不完整，暗示物质成分均十分接近。

3.2.2　硫酸盐岩

1）硬石膏

硬石膏样品手标本见图 3-45。硬石膏岩为粒状结构，块状构造，表面为土黄色，土状光泽。岩石标本中有一条硬石膏脉，矿物晶体自形程度高，白色至乳白色，微透明，短柱状，不规则断口，油脂光泽。

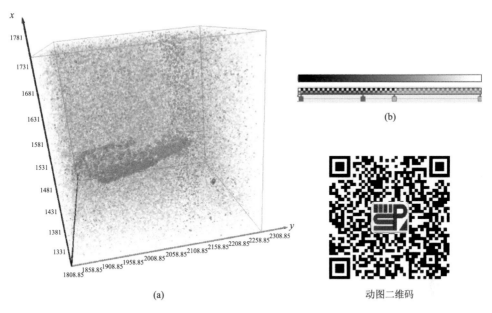

(a)

(b)

动图二维码

图 3-44　竹叶状灰岩三维结构可视化截图（a）、灰度与伪色彩对比（b）

图 3-45　硬石膏手标本照片（样品来源：山东省枣庄市）

　　硬石膏样品薄片偏光显微照片见图 3-46。样品薄片视域较暗，石膏呈板片状，大部分颗粒呈灰褐色。部分颗粒可见两组垂直解理，发育聚片双晶。

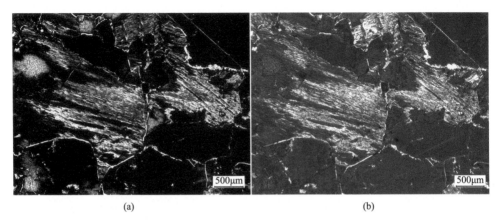

(a)　　　　　　　　　　　　　　　　　(b)

图 3-46　硬石膏样品薄片单偏光（a）和正交偏光（b）显微照片

　　硬石膏 CT 扫描样品直径 6mm，分辨率 1.934μm。CT 扫描原始灰度图像见图 3-47。图像中可见明显裂缝，可以分辨出不规则形态的粒间裂缝和近于平行的

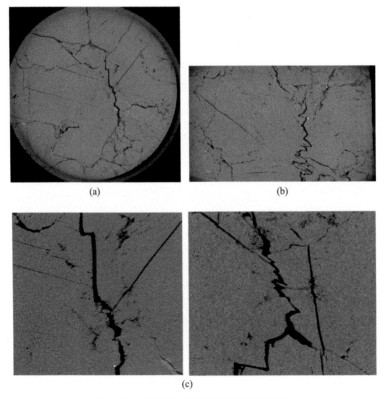

(a)　　　　　　　　　　　　　　　　(b)

(c)

图 3-47　硬石膏 CT 扫描原始灰度图像

（a）、（b）为 CT 扫描整体图像横截面和纵截面，（c）为一个 700×650×600 体像素，
即 1353.8μm×1257.1μm×1160.4μm 体积内两个不同方向的切面

粒内裂缝。固体部分灰度值十分均一，偶见少量浅灰色和近于白色颗粒，为硬石膏中所含杂质。

对所截取的 700×650×600 体像素（1353.8μm×1257.1μm×1160.4μm）的体积进行三维结构可视化，见图 3-48。图中可见石膏结晶颗粒间所构成的裂缝网络（深蓝绿色）及少量高密度矿物颗粒（金色）。硬石膏结晶颗粒端部的裂缝呈锯齿状，颗粒内部裂缝平直且相互平行。两种不同的高密度矿物分别以霞粉色和金色表示，二者含量都较低。

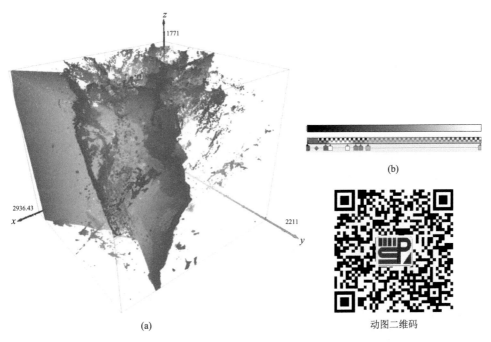

(a)

(b)

动图二维码

图 3-48　硬石膏三维结构可视化截图（a）、灰度与伪色彩对比（b）

2）纤维石膏岩

纤维石膏岩样品手标本见图 3-49。岩石呈白色至棕黄色，呈纤维状聚合体。

纤维石膏岩样品薄片偏光显微照片见图 3-50。样品薄片呈纤维状，大部分视域较暗，发育聚片双晶。

纤维石膏岩 CT 扫描样品直径 4mm，分辨率 1.6μm。CT 扫描原始灰度图像见图 3-51。图像中可见近于平行的裂缝，固体部分灰度值均一，表明其中成分单一。

对所截取的 490×880×500 体像素（784μm×1408μm×800μm）的体积进行三维结构可视化，见图 3-52。图中可见大量在三维空间平行分布的解理，局部可见少量斜交的一组裂缝，无其他结构和不同成分物质。

图 3-49　纤维石膏岩手标本照片（样品来源：湖北省孝感市应城市）

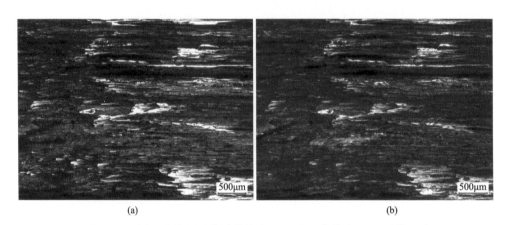

(a)　　　　　　　　　　　　　　(b)

图 3-50　纤维石膏岩样品薄片单偏光（a）和正交偏光（b）显微照片

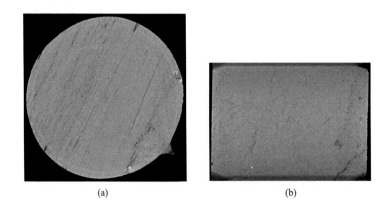

(a)　　　　　　　　　　　　(b)

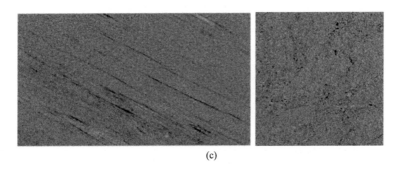

(c)

图 3-51 纤维石膏岩 CT 扫描原始灰度图像

（a）、（b）为 CT 扫描整体图像横截面和纵截面，（c）为一个 490×880×500 体像素，即 784μm×1408μm×800μm 体积内两个不同方向的切面

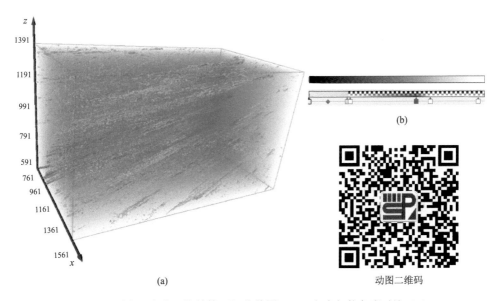

(a)

动图二维码

图 3-52 纤维石膏岩三维结构可视化截图（a）、灰度与伪色彩对比（b）

第4章 变 质 岩

经过变质作用形成的岩石称为变质岩。变质作用是指岩石在基本上处于固体状态下，由于温度、压力和流体作用等因素导致原有岩石的化学成分、矿物组成或结构和构造发生变化的地质过程。变质岩的原岩可以是岩浆岩、沉积岩或变质岩。变质作用的具体方式包括脱水、脱碳酸、水合、化合反应和交代作用等。

4.1 低级变质岩

4.1.1 板岩

1）碳硅质板岩

碳硅质板岩样品手标本见图4-1。岩石呈黑灰色，外表呈致密隐晶质，矿物颗粒很细，肉眼难以辨认，板状劈理发育，具板状构造。含有少量绢云母等矿物，使板面微具丝绢光泽。没有明显的重结晶现象。板面平整，断口稍粗糙。

图4-1 碳硅质板岩手标本照片（样品来源：浙江省杭州市淳安县）

碳硅质板岩样品薄片不同放大倍数单偏光显微照片见图4-2。样品薄片为隐晶质结构，变余层理构造，板状构造。岩石主体由隐晶质物质组成（基本未发生重结晶），单偏光镜下主体灰黑色，可能含较多的碳质成分。可见少量星点状分布的绢云母和石英细小微晶。

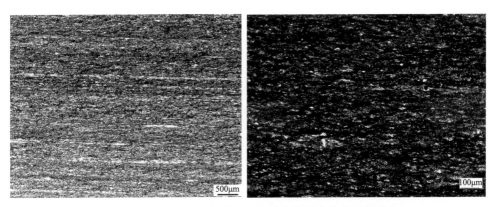

图 4-2 碳硅质板岩样品薄片不同放大倍数单偏光显微照片

碳硅质板岩 CT 扫描样品直径 2mm，分辨率 0.7μm。CT 扫描原始灰度图像见图 4-3。整体 CT 图像中，基质均匀，其中均匀分布大量白点；局部放大图像中可见基质中灰度值存在明显差异。推测浅灰色部分为石英微晶，白点为绢云母微晶。

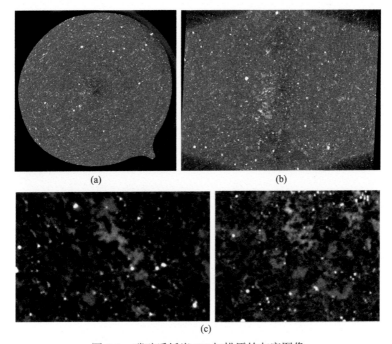

图 4-3 碳硅质板岩 CT 扫描原始灰度图像

（a）、（b）为 CT 扫描整体图像横截面和纵截面，（c）为一个 420×640×540 体像素，
即 294μm×448μm×378μm 体积内两个不同方向的切面

对所截取的 420×640×540 体像素（294μm×448μm×378μm）的体积进行三维结构可视化，见图 4-4。体渲染图中褐红色颗粒对应 CT 扫描原始灰度图像中的白色颗粒（绢云母）；黄色不规则团簇对应 CT 扫描原始灰度图像中的浅灰色基质影像（石英）；浅蓝灰色高透明度色彩对应基质中的其他部分。以褐红色显示的绢云母微晶较均匀地分布于所示体积中；以黄色显示的石英成团簇状，具一定层状分布特征，与薄片观察特征一致，但是层状结构远不及薄片所见明显。

需要注意的是图 4-2 所示两个不同放大倍数的显微照片已经显示碳硅质板岩的叶理结构在不同尺度上有所区别，左侧低放大倍数的图像显示叶理明显，右侧高放大倍数的图像中叶理较弱；而图 4-3 和图 4-4 所示为放大倍数（分辨率）更高的 CT 图像，局部区域显示的叶理更不明显。

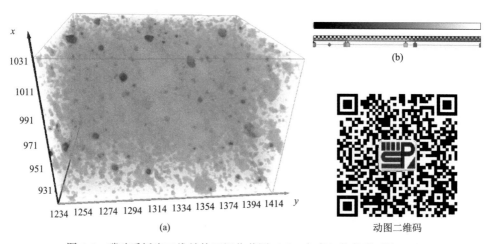

图 4-4　碳硅质板岩三维结构可视化截图（a）、灰度与伪色彩对比（b）

2）灰白色板岩

灰白色板岩样品手标本见图 4-5。岩石呈灰白色，外表呈致密隐晶质，矿物颗粒很细，原始成分以泥质和粉砂质为主，具板状构造，板状劈理发育，沿板理方向可以剥成薄片。风化面呈现黄褐色。

灰白色板岩样品薄片不同放大倍数单偏光显微照片见图 4-6。样品薄片为隐晶质到显微鳞片变晶结构，变余层理构造。矿物组成以隐晶质（泥质）成分为主，可见定向排列的绢云母和石英。绢云母呈白色，切面多为细小长条形，长度 0.01～0.03mm，干涉色一级黄到一级橙，平行消光，正延性，多具统一消光位。

灰白色板岩 CT 扫描样品直径 2mm，分辨率 0.7μm。CT 扫描原始灰度图像见图 4-7。图像中可见较多不同大小近黑色孔隙，少量浅色或近于白色微小颗粒，主体部分为深灰色，均一性较好。从纵切面图中可以看出近孔隙具有拉长形态，显示成层的结构特征。

图 4-5　灰白色板岩手标本照片（样品来源：浙江省杭州市淳安县）

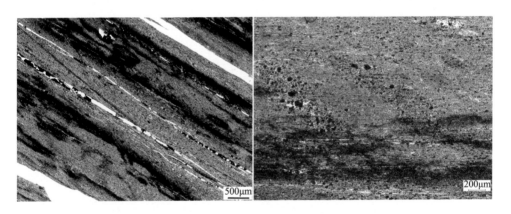

图 4-6　灰白色板岩样品薄片不同放大倍数单偏光显微照片

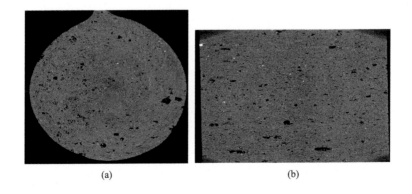

(a)　　　　　　　　　　　　　　(b)

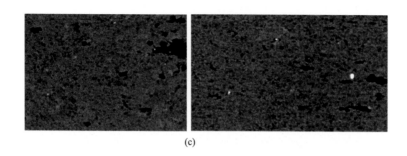

(c)

图 4-7　灰白色板岩 CT 扫描原始灰度图像

（a）、（b）为 CT 扫描整体图像横截面和纵截面，（c）为一个 740×520×430 体像素，
即 518μm×364μm×301μm 体积内两个不同方向的切面

　　对所截取的 740×520×430 体像素（518μm×364μm×301μm）的体积进行三维结构可视化，见图 4-8。体渲染图中以红色表示绢云母颗粒，数量较少，随机分布。体渲染图中白色团簇对应原始灰度图像中黑色的孔隙，孔隙的三维结构显示为不规则扁平状，定向明显。

　　从图 4-6 到图 4-8 显示不同尺度上所观测到的结构的差异。图 4-6 左侧低放大倍数的显微照片显示极其明显的分层结构，单层厚度约 1mm（或更大）；其右侧高放大倍数的显微照片显示了两个不同叶理且二者具有明显差异：一个含大量孔隙、一个呈压实的微叶理结构。CT 扫描原始灰度图像较偏光显微照片具有更高的放大倍数（分辨率），仅包含了高孔隙度的部分。这里可以看到结构观测的局限性：高分辨的观测只能限于微小局部，而全局观测又难以获得精细特征。完整的观测需要从不同尺度进行，并获取多个局部区域的高分辨率数据。

动图二维码

图 4-8　灰白色板岩三维结构可视化截图（a）、灰度与伪色彩对比（b）

4.1.2 千枚岩

1) 硅质千枚岩

硅质千枚岩样品手标本见图 4-9。岩石呈灰绿色，显微鳞片变晶结构，千枚状构造，不规则断口。岩石片理面可见丝绢光泽，主要由细小的绢云母、绿泥石、石英等新生矿物组成，含有少量的电气石、磁铁矿及碳质、铁质等。

图 4-9　硅质千枚岩手标本照片（样品来源：浙江省杭州市萧山区）

硅质千枚岩样品薄片不同放大倍数正交偏光显微照片见图 4-10。样品薄片为变余凝灰结构，显微鳞片变晶结构，变余层理构造。组成矿物为绢云母和绿泥石，含少量石英和长石晶屑以及其他凝灰质成分。绢云母切面多呈细小长条形，长度

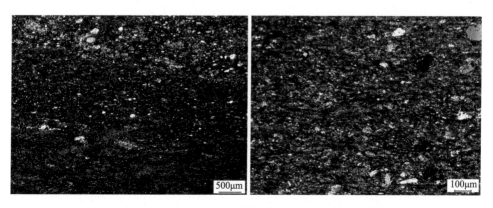

图 4-10　硅质千枚岩样品薄片不同放大倍数正交偏光显微照片

多为0.05mm，定向分布，白色，干涉色多为一级黄到一级橙，平行消光，正延性，多具统一消光位。绿泥石呈显微鳞片状，长度多为0.02～0.05mm，定向分布，绿色-浅黄色多色性，正低突起，异常干涉色，平行消光，正延性。岩石命名为绿泥绢云千枚岩。

硅质千枚岩CT扫描样品直径2mm，分辨率0.7μm。CT扫描原始灰度图像见图4-11。图像中孔隙、裂隙极少，含少量近于白色的结晶颗粒，整体呈深灰色和浅灰色相间。深灰色影像具有一定颗粒形态，浅灰色影像形态不规则，围绕深灰色颗粒或延伸呈薄层状。另外可见一条明显的中灰色脉体，脉体中含少量孔隙、裂隙，并有深灰色颗粒穿插。

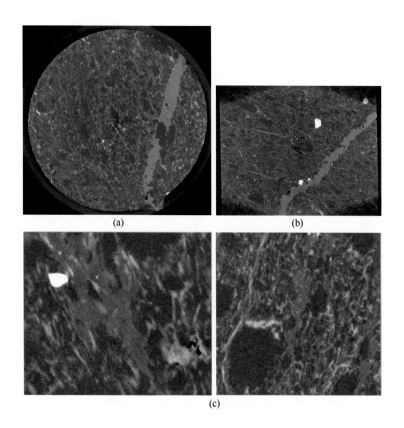

图4-11　硅质千枚岩CT扫描原始灰度图像

（a）、（b）为CT扫描整体图像横截面和纵截面，（c）为一个600×500×650体像素，
即420μm×350μm×455μm体积内两个不同方向的切面

对所截取的600×500×650体像素（420μm×350μm×455μm）的体积进行三维结构可视化，见图4-12。体渲染图中蓝色对应原始灰度值中的白色颗粒，为高

密度矿物；白色和灰绿色分别对应原始灰度图像中浅灰色和深灰色影像；仅含一个细微孔隙，未突出显示。三维动态影像中可见变余层理构造。

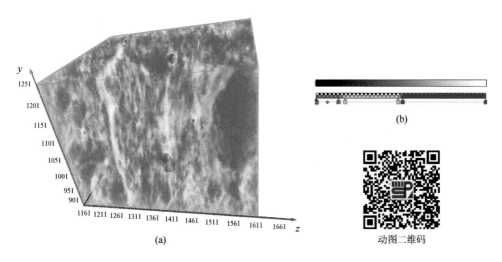

(a)

(b)

动图二维码

图 4-12 硅质千枚岩三维结构可视化截图（a）、灰度与伪色彩对比（b）

2）泥质千枚岩

泥质千枚岩样品手标本见图 4-13。岩石风化面为灰褐色，新鲜面黑灰色。隐晶质到显微鳞片变晶结构，块状-千枚状构造。面理由细小片状矿物（绢云母）定向排列而成，岩石易沿面理裂开，肉眼难以识别基质矿物颗粒。

1cm　1cm　1cm　1cm

图 4-13 泥质千枚岩手标本照片（样品来源：北京市房山区）

泥质千枚岩样品薄片不同放大倍数正交偏光显微照片见图 4-14。样品薄片镜下见显微鳞片变晶结构，主要组成矿物为绢云母、硬绿泥石、少量绿泥石和炭质。绢云母切面多呈细小长条形，长度多为 0.05mm，定向分布，白色，干涉色多为一级黄到一级橙，平行消光，正延性，多具统一消光位。硬绿泥石切面多为纵切面，呈细板条状或长柱状，长度 0.05～0.2mm，定向分布，少量横截面可见六边形，微弱多色性（无色-淡绿），可见聚片双晶，一级干涉色。岩石命名为硬绿泥石绢云母千枚岩。

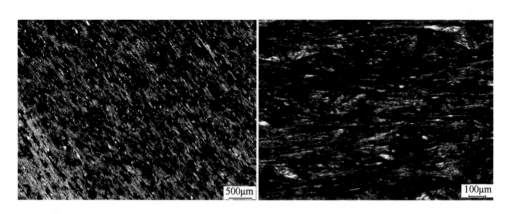

图 4-14　泥质千枚岩样品薄片不同放大倍数正交偏光显微照片

泥质千枚岩 CT 扫描样品直径 2mm，分辨率 0.7μm。CT 扫描原始灰度图像见图 4-15。图像中基本未见孔隙、裂隙；主体呈深灰色；含大量大小均匀的浅灰色长条状颗粒，对应绢云母或硬绿泥石，二维平面上呈竹叶状；这些竹叶状颗粒存在交错，但总体具有较好定向排列特征；另外也可见少量高亮度的白色微小颗粒。

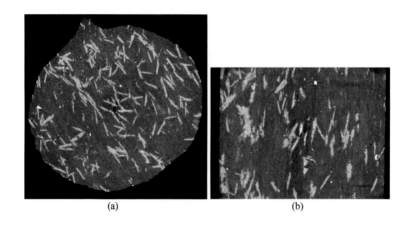

(a) (b)

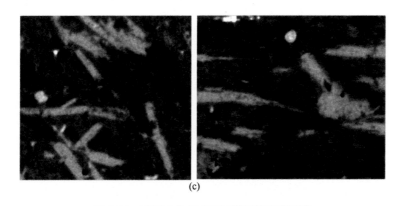

(c)

图 4-15 泥质千枚岩 CT 扫描原始灰度图像

（a）、（b）为 CT 扫描整体图像横截面和纵截面，（c）为一个 480×510×600 体像素，
即 336μm×357μm×420μm 体积内两个不同方向的切面

对所截取的 480×510×600 体像素（336μm×357μm×420μm）的体积进行三维结构可视化，见图 4-16。体渲染图中以青绿色表示竹叶状矿物颗粒，黄褐色表示高密度矿物颗粒，高透明度的浅粉色表示基质。图中可见在微米尺度上泥质千枚岩结构仍存在一定定向特征，但是与二维薄片所观测到的简单叶理结构明显不同。

另外，图 4-14 左右不同放大倍数的显微构造可见较明显差异，左侧低放大倍数图像中平行叶理明显，右侧高放大倍数图像中也见平行叶理，但局部呈透镜状。在更高分辨率的 CT 图像中，我们看到总体具定向趋势、局部片状颗粒相互交错的现象。

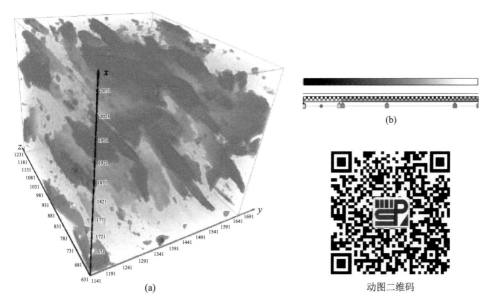

动图二维码

图 4-16 泥质千枚岩三维结构可视化截图（a）、灰度与伪色彩对比（b）

4.1.3 片岩

1）绿片岩

绿片岩样品手标本见图 4-17。岩石呈暗绿色，中细粒结构，块状构造。片柱状矿物呈定向排列，形成鳞片柱状变晶结构，片状构造，主要由绿泥石、绿帘石、黝帘石、阳起石、钠长石、石英、绢云母、斜长石等组成，可见石英脉填充。

图 4-17　绿片岩手标本照片（样品来源：辽宁省辽阳市）

绿片岩样品薄片不同放大倍数偏光显微照片见图 4-18。样品薄片为细粒鳞片粒状柱状变晶结构。主要矿物为阳起石、钠长石、绿泥石和少量绿帘石，可见少量石英。阳起石含量约 60%，长柱状，长宽比大，长度多为 0.3~0.8mm，少量晶体长度达 1mm 左右。阳起石定向分布，可见菱形自形横切面，并可见两组斜交解

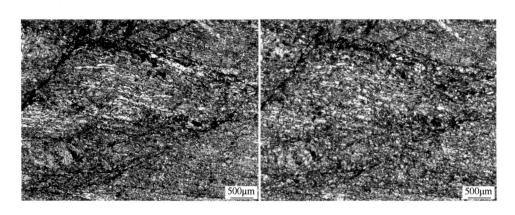

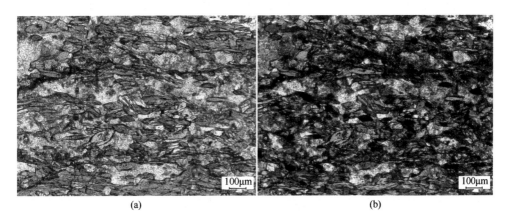

(a)　　　　　　　　　　　　　　　(b)

图 4-18　绿片岩样品薄片不同放大倍数单偏光（a）和正交偏光（b）显微照片

理，长对角线与片理一致，蓝绿色-浅黄色多色性，正中突起，干涉色多为一级黄，最高一级橙，柱面一组解理，斜消光，最大消光角约 15°，正延性。绿帘石含量约 10%，粒状，粒径多为 0.05～0.1mm，浅黄色，多色性弱，正高突起，干涉色不均匀。钠长石含量约 20%，它形粒状，粒径多为 0.05～0.1mm，光性特征与石英相似，主要区别是钠长石为二轴晶，负光性。岩石命名为绿帘钠长阳起片岩。

绿片岩 CT 扫描样品直径 4mm，分辨率 1.5μm。CT 扫描原始灰度图像见图 4-19。图像中未见孔隙结构；整体扫描图像中可见一条微裂缝，已闭合，微裂缝两侧物质不连续，因此该裂缝不应是样品加工所形成的人工裂缝。整体为深灰色和浅灰色相间的条带状结构；其他灰度的影像占比极小：可以识别为孔隙的黑色影响几乎不存在，极少量浅灰色或近于白色影像，所截取的局部体积中未见这些浅色影像。浅灰色影像占比较高，推测主要对应阳起石；中灰色影像可能包含钠长石、绿帘石和绿泥石，三者难以区分。

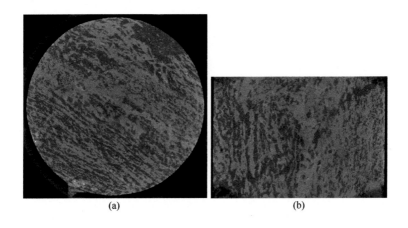

(a)　　　　　　　　　　　　　　　(b)

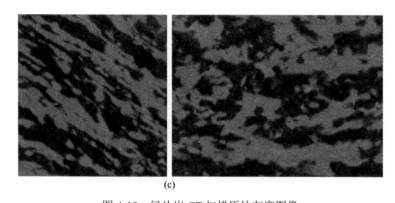

(c)

图 4-19　绿片岩 CT 扫描原始灰度图像

（a）、（b）为 CT 扫描整体图像横截面和纵截面，（c）为一个 450×500×600 体像素，
即 675μm×750μm×900μm 体积内两个不同方向的切面

　　对所截取的 450×500×600 体像素（675μm×750μm×900μm）的体积进行三维结构可视化，见图 4-20。体渲染图中以杏粉色表示阳起石，高透明度的深灰绿色表示钠长石、绿帘石和绿泥石。在所截取的体积中，二者呈近于平行的相间结构。三维结构显示阳起石形态很不规则，局部形态变化大。局部形态可能反映阳起石矿物颗粒集合体。当矿物结晶颗粒集合在一起时，CT 扫描原始灰度图像只能显示它们具有统一的灰度值，而不能如同样品薄片偏光显微观测一样根据光学特征识别具体颗粒。

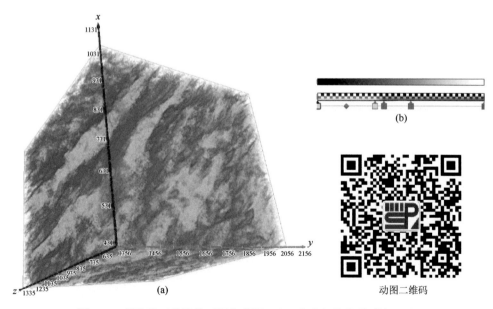

动图二维码

图 4-20　绿片岩三维结构可视化截图（a）、灰度与伪色彩对比（b）

2）黑云母片岩

黑云母片岩样品手标本见图 4-21。岩石呈灰黑色，具有细粒鳞片变晶结构及片状构造。片理面具丝绢光泽，主要由黑云母、白云母、石英和长石组成。

图 4-21　黑云母片岩手标本照片
（样品来源：新疆维吾尔自治区伊犁哈萨克自治州阿勒泰地区富蕴县）

黑云母片岩样品薄片偏光显微照片见图 4-22。样品薄片为细粒鳞片粒状变晶结构。主要组成矿物为黑云母、白云母、和石英，含少量长石，副矿物为磷灰石。黑云母含量 25%，切面长条形，长宽比大，长度多为 0.2～0.5mm，部分窄条状晶体长度大于 1mm，连续定向分布构成片状构造。特征的褐色-浅黄色多色性，一组极完全解理，最高干涉色见至三级绿。解理面上平行消光，正延性，假一轴晶干涉像，负光性。白云母含量约 20%，片状，长宽比大，长轴多为 0.5～1mm，部分晶体长度为 1～1.5mm，强烈定向分布构成片状构造。单偏光下无色，具有闪突起特征，一组极完全解理，最高干涉色见至二级绿。解理面上平行消光，正延性，二轴晶，负光性，光轴角中等。石英含量 50%，它形粒状，多具拉长定向特征，粒径或长度多为 0.1～0.3mm，少量晶体为 0.4～0.5mm，波形消光现象发育。

黑云母片岩 CT 扫描样品直径 6mm，分辨率 1.9μm。CT 扫描原始灰度图像见图 4-23。图像中未见孔隙，含较多近于白色小结晶颗粒，主体部分包含深灰色和

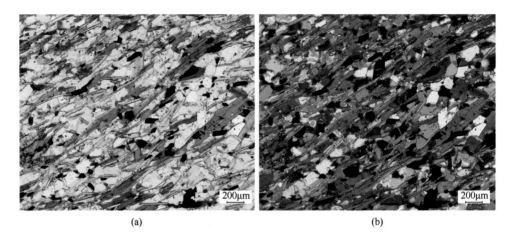

图 4-22　黑云母片岩样品薄片单偏光（a）和正交偏光（b）显微照片

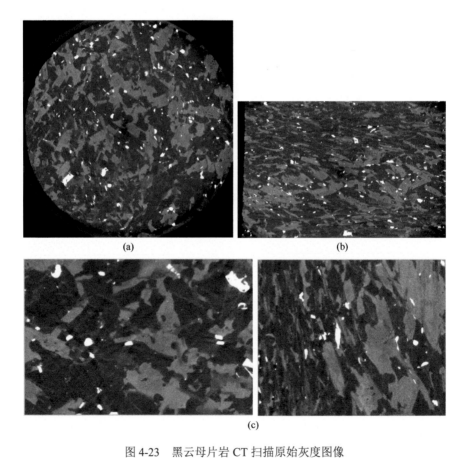

图 4-23　黑云母片岩 CT 扫描原始灰度图像

（a）、（b）为 CT 扫描整体图像横截面和纵截面，（c）为一个 830×1250×990 体像素，
即 1577μm×2375μm×1881μm 体积内两个不同方向的切面

浅灰色影像，含量接近，颗粒均以长条状结晶形态为主，具有定向排列特征。根据薄片观测所确定的矿物，推测深灰色影像对应石英，浅灰色影像对应云母（包括白云母和黑云母），高亮度的白色影像对应金属矿物。

对所截取的 830×1250×990 体像素（1577μm×2375μm×1881μm）的体积进行三维结构可视化，见图 4-24。体渲染图中以高透明度的浅粉色表示石英，青绿色表示云母（包含黑云母和白云母），浅褐色表示金属矿物。三维结构显示样品中金属矿物含量较高，随机分布，多以较为明显的独立结晶颗粒存在；云母颗粒形状以扁平状为主，大部分具有定向性；尽管存在一些较小颗粒，但总体颗粒大小相对均匀。

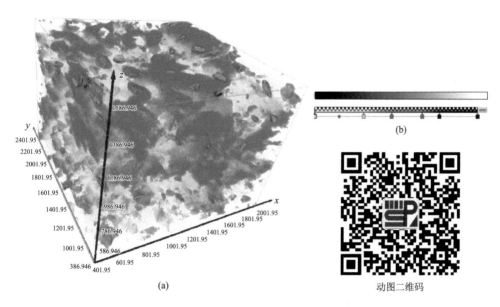

动图二维码

图 4-24 黑云母片岩三维结构可视化截图（a）、灰度与伪色彩对比（b）

4.2 中级变质岩

变质基性岩

斜长角闪岩

斜长角闪岩样品手标本见图 4-25。岩石呈深灰色，块状构造，粒状柱状变晶结构。岩石主要由角闪石、斜长石和石英组成，可见少量帘石、透辉石、黑云母等。

图 4-25　斜长角闪岩手标本照片（样品来源：浙江省绍兴市诸暨市）

　　斜长角闪岩样品薄片偏光显微照片见图 4-26。样品薄片为中-细粒柱状粒状变晶结构。主要组成矿物为角闪石、斜长石、透辉石和不透明矿物钛铁矿或磁铁矿，副矿物为榍石。岩石发生中等程度的蚀变。角闪石含量约 50%，不规则粒状或柱状，粒径或长度多为 0.5～1mm，个别晶体长度可达 3mm 左右；其中部分柱状晶体具定向特征。横切面可见两组斜交解理，柱面一组解理完全；绿色-浅黄色多色性明显，正中突起，最高干涉色见至二级黄，斜消光，测得消光角约 25°，二轴晶，光轴角大。透辉石约 15%，多呈它形粒状，粒径者粒径多为 0.5～2mm，部

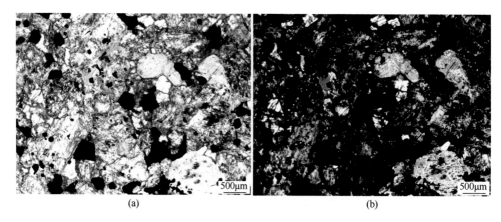

(a)　　　　　　　　　　　　　　　　(b)

图 4-26　斜长角闪岩样品薄片单偏光（a）和正交偏光（b）显微照片

分晶体粒径为 0.2～0.5mm；无色，正高突起，柱面一组完全解理，横切面可见两组近直交解理，最高干涉色见至二级黄，斜消光，消光角大，二轴晶，正光性，光轴角中等。斜长石含量约 27%～28%，它形粒状，粒径多为 0.2～0.5mm，少量晶体粒径为 0.6～1.5mm，可见聚片双晶，多具明显绢云母化。岩石命名为透辉斜长角闪岩。

斜长角闪岩 CT 扫描样品直径 8mm，分辨率 2.94μm。CT 扫描原始灰度图像见图 4-27。图像中未见孔隙；中灰色占比最高，成团簇状，推测对应角闪石或角闪石与透辉石的集合；深灰色占比较小，可能为斜长石；含较多白色颗粒，局部可见白色颗粒中有裂纹。从局部放大图看，白色颗粒实际上包含了两个不同的

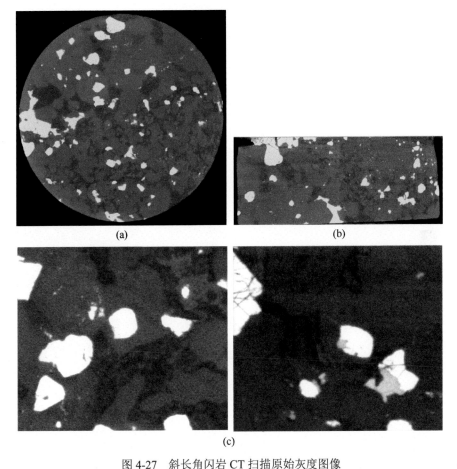

图 4-27　斜长角闪岩 CT 扫描原始灰度图像

(a)、(b) 为 CT 扫描整体图像横截面和纵截面，(c) 为一个 650×700×650 体像素，
即 1911μm×2058μm×1911μm 体积内两个不同方向的切面

灰度值，见图 4-27（c）右图调低亮度的图像[与图 4-27（c）左图幅亮度相同时二者无法分辨]，白色影像可能对应薄片描述中推测为钛铁矿或磁铁矿的黑色不透明物质。

　　对所截取的 650×700×650 体像素（1911μm×2058μm×1911μm）的体积进行三维结构可视化，见图 4-28。图中角闪石（及透辉石）以高透明度的蓝绿色显示，长石以浅粉色显示，这二者均显示不规则形状。磁铁矿和钛铁矿分别以洋红色和金色显示，少量颗粒具柱状形态，多为等轴形态，颗粒破碎明显。

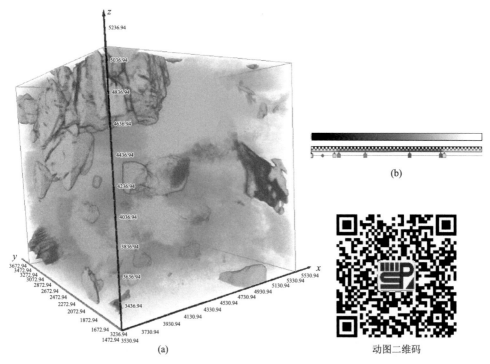

图 4-28　斜长角闪岩三维结构可视化截图（a）、灰度与伪色彩对比（b）

4.3　高级变质岩

4.3.1　片麻岩

1）黑云斜长片麻岩

黑云斜长片麻岩样品手标本见图 4-29。岩石呈灰色，具细粒变晶结构，片麻状构造。岩石主要矿物为长石、石英和黑云母，次要矿物有白云母等。黑云母呈半透明片状，具玻璃光泽。

图 4-29 黑云斜长片麻岩手标本照片（样品来源：浙江省绍兴市诸暨市）

黑云斜长片麻岩样品薄片不同放大倍数偏光显微照片见图 4-30。样品薄片为细粒鳞片粒状变晶结构。主要组成矿物为黑云母、斜长石、石英、夕线石和少量的白云母和钾长石。夕线石含量 10%，多呈纤维状，放射状，长柱状，纵切面上裂理发育，造成竹节状。无色，正高突起，干涉色一级紫红到二级蓝绿，平行消光，正延性，负光性。黑云母含量 20%，切面长条形，长宽比大，长度多为 0.2～0.5mm，部分窄条状晶体长度大于 1mm，连续定向分布。特征的褐色-浅黄色多色性，一组极完全解理，最高干涉色见至三级绿。解理面上平行消光，正延性，假一轴晶干涉像，负光性。白云母含量约 5%，片状，长宽比大，长轴多为 0.5～

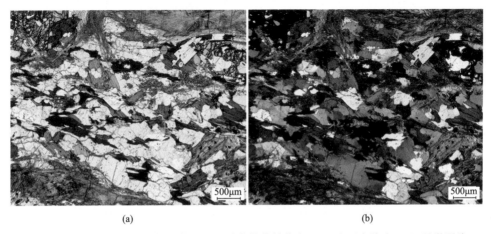

(a)   (b)

图 4-30 黑云斜长片麻岩样品薄片不同放大倍数单偏光（a）和正交偏光（b）显微照片

1mm，部分晶体长度为 1～1.5mm，强烈定向分布构成片状构造。无色，单偏光下具有闪突起特征，一组极完全解理，最高干涉色见至二级绿。解理面上平行消光，正延性，二轴晶，负光性，光轴角中等。斜长石含量约 20%，它形粒状或透镜状，后者定向分布。粒径或长度多为 0.5～1.2mm，变种主要为斜长石和微斜长石。前者可见聚片双晶，后者发育格子双晶，发育强烈绢云母化。钾长石含量约 5%，它形粒状或透镜状，后者定向分布。粒径或长度多为 0.5～1.2mm，发育高岭土化蚀变。岩石命名为夕线黑云斜长片麻岩。

　　黑云斜长片麻岩 CT 扫描样品直径 8mm，分辨率 2.0μm。CT 扫描原始灰度图像见图 4-31。图像中可见 4 个不同灰度值：极少量黑色的孔隙；少量白色影像，对应微小的金属矿物颗粒；主体部分以浅灰色占比更高，其中可见平行纹理；深灰色影像与浅灰色影像的边缘相互穿插，但其内部均匀。含平行纹理的浅灰色推测为云母（包含黑云母和白云母）；深灰色影像对应长石（包含斜长石和钾长石）和石英，可能也包含了密度接近的夕线石。

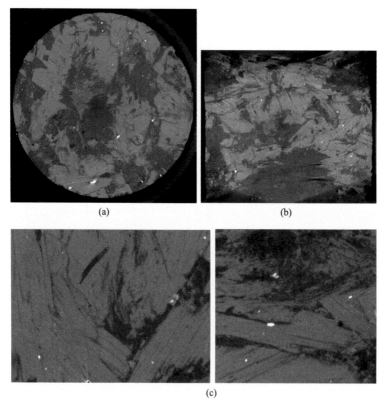

(a)　　　　　　　　　　　　(b)

(c)

图 4-31　黑云斜长片麻岩 CT 扫描原始图像

（a）、（b）为 CT 扫描整体图像横截面和纵截面，（c）为一个 800×600×600 体像素，
即 1600μm×1200μm×1200μm 体积内两个不同方向的切面

对所截取的 800×600×600 体像素（1600μm×1200μm×1200μm）的体积进行三维结构可视化，见图 4-32。体渲染图中以蓝色表示孔隙，红色表示金属矿物颗粒，黄色代表云母，灰色代表长石、石英（及夕线石）。该岩石样品中云母没有显示明显定向排列特征。

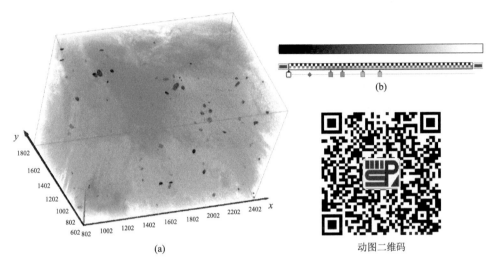

图 4-32　黑云斜长片麻岩三维结构可视化截图（a）、灰度与伪色彩对比（b）

2）花岗片麻岩

花岗片麻岩样品手标本见图 4-33。岩石呈黄褐色，片麻状构造，矿物呈定向排列，具线理。原岩为花岗岩，具中粗粒鳞片粒状变晶结构，主要矿物成分为长石、石英、黑云母等。

花岗片麻岩样品薄片偏光显微照片见图 4-34。样品薄片为中粗粒鳞片粒状变晶结构。主要矿物成分为钾长石、斜长石、石英和黑云母。副矿物为磷灰石、榍石和绿帘石，局部可见细小锆石。钾长石主要为微斜长石，含量 35%，它形粒状，粒径多为 0.5～1mm，少量晶体粒径达 1.5mm 左右，格子双晶发育。斜长石含量约 25%，它形粒状，可见聚片双晶，具绢云母化，部分斜长石具有交代净边结构，少量斜长石呈残留状产于碱性长石中构成交代残留结构。石英含量 30%，它形粒状或不规则拉长柱状，前者粒径多为 0.5～1mm，后者长度多为 1～3mm，具波形消光现象。黑云母含量 10%，片状，长度多为 0.3～0.7mm，个别窄条状晶体长度可达 1.5mm 左右，不连续定向分布；褐色-浅黄色多色性，一组极完全解理，最高干涉色见至三级绿；解理面上平行消光，正延性，少量黑云母具绿泥石化。

图 4-33　花岗片麻岩手标本照片（样品来源：山东省泰安市）

（a）　　　　　　　　　　　　　　　　（b）

图 4-34　花岗片麻岩样品薄片单偏光（a）和正交偏光（b）显微照片

　　花岗片麻岩 CT 扫描样品直径 8mm，分辨率 2.653μm。CT 扫描原始灰度图像见图 4-35。图像中见少量孔隙，存在 4 级灰度：灰黑色影像，含量较低；深灰色影像呈不规则颗粒形态，颗粒内部较完整；浅灰色影像呈破裂的颗粒结构；白色影像占比较少。根据样品中主要矿物成分及其密度特征，推测深灰色影像对应石英，浅灰色破裂颗粒结构对应长石，白色影像对应金属矿物，占比低的灰黑色影像成分不确定。浅灰色颗粒内的裂缝为深灰色影像物质充填，充填物中往往又包含一个近于白色的线状核。

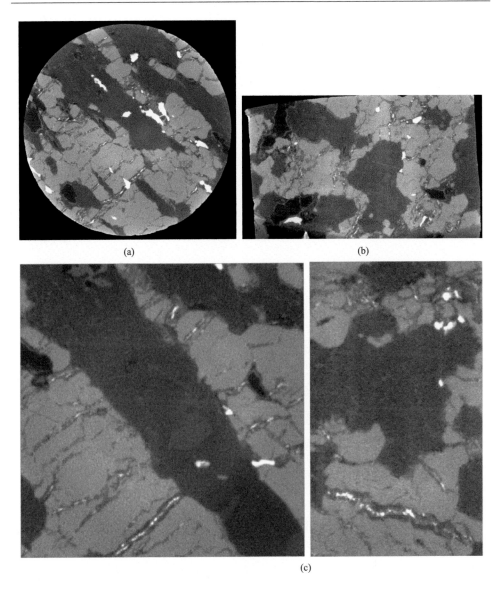

(a)

(b)

(c)

图 4-35 花岗片麻岩 CT 扫描原始灰度图像

(a)、(b) 为 CT 扫描整体图像横截面和纵截面，(c) 为一个 1000×1000×600 体像素，
即 2653μm×2653μm×1591.8μm 体积内两个不同方向的切面

对所截取的 1000×1000×600 体像素（2653μm×2653μm×1591.8μm）的体积
进行三维结构可视化，见图 4-36。图中以粉红色突出显示裂隙，低密度不确定成分
以鹅黄色显示，蓝灰色和绿色分别表示石英和长石，高密度的金属矿物以红色表示。
注意到石英与长石颗粒之间、长石颗粒彼此之间充填形成一个复杂的网络。

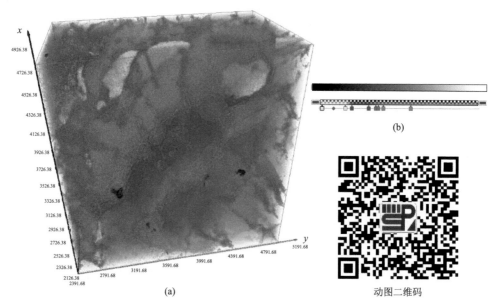

图 4-36　花岗片麻岩三维结构可视化截图（a）、灰度与伪色彩对比（b）

4.3.2　麻粒岩

1）粗粒麻粒岩

粗粒麻粒岩样品手标本见图 4-37。岩石呈红棕色-灰黑色，具粗粒变晶结构，块状构造，不规则断口。主要组成矿物为：角闪石，长柱状，黑色；辉石，短柱

图 4-37　粗粒麻粒岩手标本照片（样品来源：河北省张家口市宣化区）

状，深绿色；斜长石，粒状，白色；石榴子石，等轴粒状，红褐色，呈集合体分布或星点状分布。

粗粒麻粒岩样品薄片偏光显微照片见图 4-38。样品薄片为中粗粒柱状粒状变晶结构，岩石经历了强烈的退变质改造。组成矿物主要有斜长石（25%）、单斜辉石（5%）、紫苏辉石（5%）、角闪石（45%）、石榴子石（15%）和少量的石英（3%），副矿物主要为磁铁矿和短柱状或粒状磷灰石。此外可见少量蚀变矿物绢云母和碳酸盐矿物，以及微细脉状绿泥石集合体。石榴子石它形粒状，粒径多为 1～3mm，粉红色，正高突起，正交镜下全消光。角闪石呈半自形-它形柱状，粒径或长度多为 2～3mm，绿色-浅黄绿色多色性明显，正中突起，最高干涉色为二级黄绿，可见一组解理切面，该切面斜消光，消光角小。单斜辉石（透辉石）多呈残余状、它形粒状分布在角闪石中，粒径或长度多为 0.1～0.3mm，多色性弱，正中-正高突起，柱面一组完全解理，最高干涉色为二级红，消光角可达 40°以上。紫苏辉石多呈残余它形粒状分布在角闪石中，粒径或长度多为 0.1～0.2mm，无色-粉红色多色性清楚，正中-正高突起，柱面一组完全解理，干涉色多为一级白黄，柱面多平行消光，沿裂隙多具雏晶状黑云母化和绿泥石化。斜长石多呈它形粒状，粒径多为 1～2mm，个别可达 3mm 左右，无色，正低突起，干涉色多为一级灰白，聚片双晶发育，多具轻微绢云母化或轻微碳酸盐化。

图 4-38 粗粒麻粒岩样品薄片单偏光（a）和正交偏光（b）显微照片

粗粒麻粒岩 CT 扫描样品直径 8mm，分辨率 2.94μm。CT 扫描原始灰度图像见图 4-39。图像中未见孔隙，主体为深灰色，含至少两个不同灰度值的较浅灰色影像，另有近于白色的颗粒。推测深灰色影像为斜长石，中灰色影像为角闪石，浅灰色为辉石，白色影像为石榴子石。注意到图 4-39（c）右图下部浅灰色影像实际上存在灰度值的变化，可能分别对应单斜辉石和紫苏辉石。

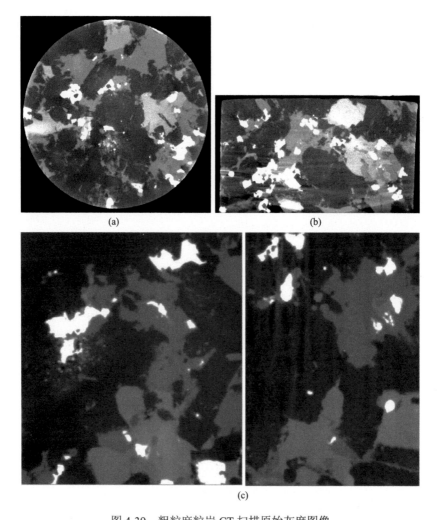

图 4-39　粗粒麻粒岩 CT 扫描原始灰度图像

（a）、（b）为 CT 扫描整体图像横截面和纵截面，（c）为一个 1000×900×700 体像素，
即 2940μm×2646μm×2058μm 体积内两个不同方向的切面

　　对所截取的 1000×900×700 体像素（2940μm×2646μm×2058μm）的体积进行三维结构可视化，见图 4-40。图中在所截取的体积中占比最高的斜长石以高透明的淡粉色表示。角闪石以深灰绿色表示，体积中既有尺度大将近 1mm 的大颗粒，也有仅十几微米的小颗粒；既有不规则形状，也有长条状颗粒。辉石以黄色表示，鉴于原始灰度图像中显示辉石具有渐变灰度值，体渲染中采用了从黄色到白色的渐变过渡；图中主要存在一个较大的辉石颗粒集合体，局部位置颜色较浅，可能对应紫苏辉石。石榴子石以蓝紫色显示，结晶颗粒形态清楚，多为长条状，无定向排列。

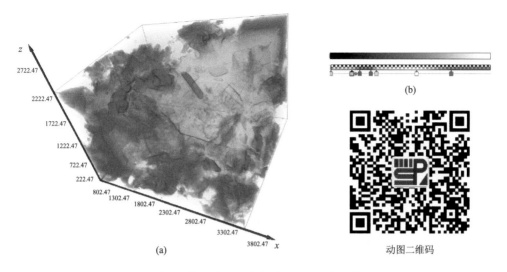

图 4-40　粗粒麻粒岩三维结构可视化截图（a）、灰度与伪色彩对比（b）

2）细粒麻粒岩

细粒麻粒岩样品手标本见图 4-41。岩石呈灰黑色，块状构造，光泽黯淡，具细粒变晶结构。暗色矿物以辉石和角闪石为主，呈柱状；浅色矿物以斜长石为主；样品中还含有石榴子石和石英。

图 4-41　细粒麻粒岩手标本照片（样品来源：河北省张家口市宣化区）

细粒麻粒岩样品薄片偏光显微照片见图 4-42。样品薄片为中细粒柱状粒状变晶结构。矿物成分主要有斜长石（35%）、单斜辉石（10%～15%）、紫苏辉石（5%～10%）、角闪石（35%）、石榴子石（10%）和少量石英，副矿物主要为磁铁矿和短柱状或粒状磷灰石。此外可见少量蚀变矿物绢云母、雏晶状碳酸盐矿物，以及微细脉状绿泥石集合体。石榴子石呈它形粒状，粒径多为 0.1～0.5mm，粉红色，正高突起，正交镜下全消光。单斜辉石（透辉石）多为它形粒状，少量为不规则短柱状，粒径或长度多为 0.1～0.5mm，个别长度可达 1～2mm，多色性弱，正中-正高突起，柱面一组完全解理，最高干涉色为二级红，消光角可达 40°以上。紫苏辉石为峰期后形成的矿物，呈它形粒状，个别为不规则柱状，粒径或长度多为 0.3～0.5mm，无色-粉红色多色性清楚，正中-正高突起，柱面一组完全解理，干涉色多为一级白黄，柱面多平行消光，沿裂隙多具雏晶状黑云母化和绿泥石化。角闪石多呈不规则柱状，粒径或长度多为 0.5～1.5mm，绿色-浅黄绿色多色性明显，正中突起，最高干涉色为二级黄绿，可见一组解理切面，该切面斜消光，消光角小。斜长石多呈它形粒状，粒径多为 0.5～1.5mm，个别可达 2mm 左右，无色，正低突起，干涉色多为一级灰白，聚片双晶发育，多具轻微绢云母化或轻微碳酸盐化。

图 4-42　细粒麻粒岩样品薄片单偏光（a）和正交偏光（b）显微照片

　　细粒麻粒岩 CT 扫描样品直径 4mm，分辨率 1.557μm。CT 扫描原始灰度图像见图 4-43。图像中未见孔隙，白色影像颗粒明显。另外可分辨三个灰度值，中灰色含量最高，深灰色次之，浅灰色最少。推测深灰色影像对应长石，中灰色影像对应角闪石，浅灰色影像对应辉石，白色影像对应石榴子石。浅灰色影像中可见中灰色影像，即辉石颗粒中包含角闪石颗粒。结晶颗粒状和定向排列特征均不明显。

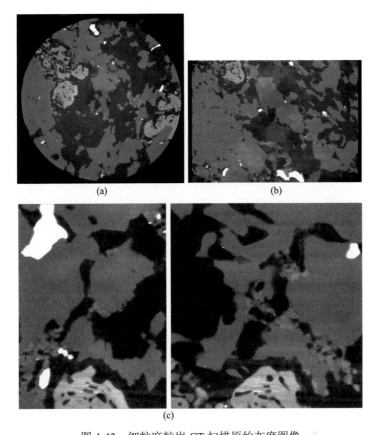

(a)　　　　　　　　　　　　　　(b)

(c)

图 4-43　细粒麻粒岩 CT 扫描原始灰度图像

（a）、（b）为 CT 扫描整体图像横截面和纵截面，（c）为一个 700×960×1000 体像素，
即 1089.9μm×1494.72μm×1557μm 体积内两个不同方向的切面

对所截取的 700×960×1000 体像素（1089.9μm×1494.72μm×1557μm）的体积进行三维结构可视化，见图 4-44。图中长石以高透明度浅粉色表示，角闪石以深灰绿色表示，辉石以金色表示，石榴子石以蓝色表示。细粒麻粒岩的矿物成分与粗粒麻粒岩相似，但颗粒相对较小，故而采用了更高的分辨率进行 CT 扫描。结晶颗粒形状不如粗粒麻粒岩明显，也未显示定向排列特征。

4.3.3　榴辉岩

1）深色榴辉岩

深色榴辉岩样品手标本见图 4-45。岩石呈灰黑色-褐黑色，细粒状变晶结构，块状构造。主要组成矿物为石榴子石、绿辉石，还含有石英等矿物。石榴子石呈浅红色，等轴粒状；绿辉石呈草绿色，粒状或柱状；石英无色，透明，粒状。

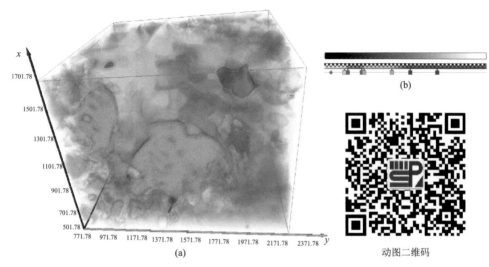

图 4-44　细粒麻粒岩三维结构可视化截图（a）、灰度与伪色彩对比（b）

图 4-45　深色榴辉岩手标本照片（样品来源：山东省威海市荣成市）

　　深色榴辉岩样品薄片偏光显微照片见图 4-46。样品薄片为不等粒（中细粒）柱状粒状变晶结构。主要矿物成分为石榴子石，绿辉石和少量石英。副矿物可见较多的细小金红石。石榴子石含量约 48%。它形粒状，粒径多为 0.5～1.5mm，浅红色，正高突起，正交镜下全消光。绿辉石含量约 48%，短柱状或不规则状，长度多为 1～2mm。无色或淡绿色，正中-正高突起，柱面一组完全解理，最高干涉色二级蓝，斜消光，最大消光角 42°左右，二轴晶，正光性，光轴角大。石英含量约 2%，它形粒状，波状消光发育。金红石含量约 2%，它形粒状，红褐色，多色性微弱，正高突起。

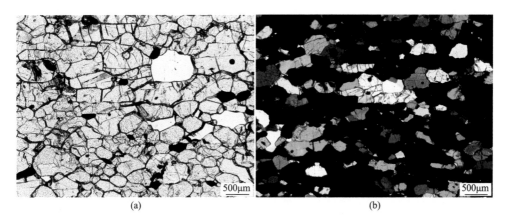

图 4-46　深色榴辉岩样品薄片单偏光（a）和正交偏光（b）显微照片

深色榴辉岩 CT 扫描样品直径 10mm，分辨率 2.94μm。CT 扫描原始灰度图像见图 4-47。图像中可见样品边缘有破裂缝，内部未见孔隙，固体部分呈现大约 4～

图 4-47　深色榴辉岩 CT 扫描原始灰度图像

（a）、（b）为 CT 扫描整体图像横截面和纵截面，（c）为一个 550×550×550 体像素，即 1617μm×1617μm×1617μm 体积内两个不同方向的切面

5 个不同灰度值，均显示较为规则且大小相近的结晶颗粒结构。推测不同灰度影像分别为：深灰色影像为石英，含量不高；颗粒之间裂缝也呈现为深灰色影像；中灰色影像对应绿辉石，占比高；浅灰色影像为石榴石，占比与绿辉石接近；白色影像对应金红石，占比低。

对所截取的 550×550×550 体像素（1617μm×1617μm×1617μm）的体积进行三维结构可视化，见图 4-48。图中石英以深蓝灰色表示，绿辉石以浅蓝灰色表示，石榴子石以杏色表示，金红石以粉红色表示。所截取的体积中仅含少量石英颗粒，金红石含量更低且多以较小颗粒形态存在。

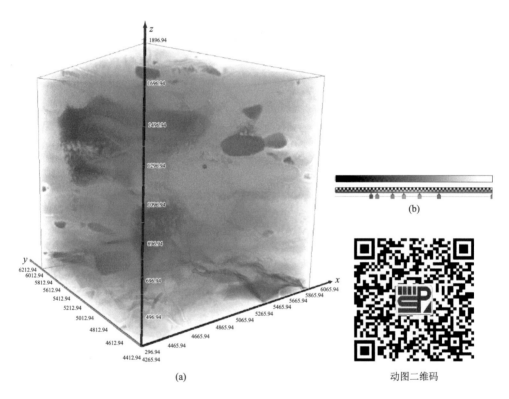

(a)　　　　　　　　　　　动图二维码

图 4-48　深色榴辉岩三维结构可视化截图（a）、灰度与伪色彩对比（b）

2）浅色榴辉岩

浅色榴辉岩样品手标本见图 4-49。岩石呈黑绿色，块状构造，尖棱状断口，光泽黯淡，矿物略具定向性。主要由浅红色的石榴子石和绿色的绿辉石组成，还含有石英，其中石英见贝壳状断口，油脂光泽。

图 4-49　浅色榴辉岩手标本照片（样品来源：山东省威海市荣成市）

　　浅色榴辉岩样品薄片偏光显微照片见图 4-50。样品薄片为中粗粒柱状粒状变晶结构。该岩石发生强烈的退变质和后期蚀变改造。主要矿物成分为石榴子石，绿辉石，钠长石、帘石类、角闪石类矿物和石英。副矿物可见较多的细小金红石。石榴子石含量约 50%。它形粒状，粒径多为 2～3mm，浅红色，正高突起，正交镜下全消光。绿辉石多发生强烈退变质改造，形成蠕虫状的钠长石、角闪石、绿泥石、黏土矿物等，仅少量的绿辉石残留。角闪石和绿泥石呈不规则状，粒径变

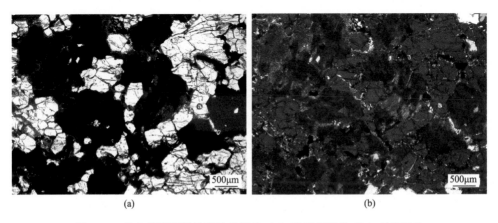

(a)　　　　　　　　　　　　　　　(b)

图 4-50　浅色榴辉岩样品薄片单偏光（a）和正交偏光（b）显微照片

化大，多位于绿辉石边部，由绿辉石退变而来。帘石包括绿帘石和斜黝帘石两类，总量约 10%，绿帘石和斜黝帘石的主要鉴定区别是前者干涉色高且不均匀，后者具异常蓝干涉色。石英含量约 1%，它形粒状，波形消光发育。金红石含量约 4%，它形粒状，红褐色，多色性微弱，正高突起。

　　浅色榴辉岩 CT 扫描样品直径 10mm，分辨率 2.94μm。CT 扫描原始灰度图像见图 4-51。图像中可见极少量孔隙和少量裂缝，大小形态不一的白色影像。主体部分两个灰度值，深灰色含量稍多于浅灰色，形态结构不规则。推测中灰色为绿辉石（及其退变质矿物，样品中无法区分），浅灰色为石榴子石，白色影像为金红石。

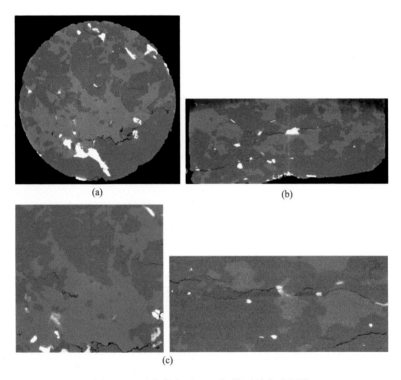

(a)　　　　　　　(b)

(c)

图 4-51　浅色榴辉岩 CT 扫描原始灰度图像

（a）、（b）为 CT 扫描整体图像横截面和纵截面，（c）为一个 1500×1500×650 体像素，
即 4410μm×4410μm×1911μm 体积内两个不同方向的切面

　　对所截取的 1500×1500×650 体像素（4410μm×4410μm×1911μm）的体积进行三维结构可视化，见图 4-52。图中孔隙和裂缝以青绿色显示，绿辉石及其退变质矿物以高透明度的蓝灰色显示，石榴石以杏色表示，金红石以粉红色表示。整体呈现块状构造。

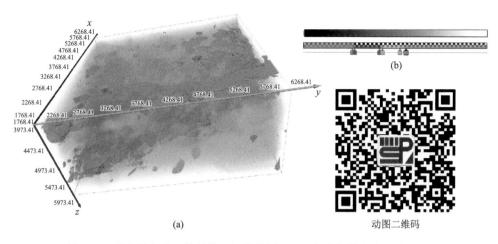

(a)

(b)

动图二维码

图 4-52 浅色榴辉岩三维结构可视化截图（a）、灰度与伪色彩对比（b）

4.3.4 混合岩

1）混合片麻岩

混合片麻岩样品手标本见图 4-53。岩石呈灰白色，片麻状构造，原岩为花岗岩，具中粗粒鳞片粒状变晶结构。混合片麻岩主要组成矿物为黑云母、长石、角闪石和石英等。

图 4-53 混合片麻岩手标本照片（样品来源：山东省泰安市）

混合片麻岩样品薄片偏光显微照片见图 4-54。样品薄片为不等粒鳞片粒状变晶结构。主要矿物成分为碱性长石、斜长石和石英，含少量黑云母。副矿物为磷灰石，局部可见细小自形粒状锆石。碱性长石含量 45%，它形板状或不规则状，粒径或长度多为 0.5～1.5mm，最大不规则晶体长度可达 4mm 左右，定向分布。其中微斜长石发育格子双晶，条纹长石具有蠕虫状结构，易于鉴定。斜长石含量约 15%，它形板状，可见聚片双晶，局部具绢云母化。部分斜长石具有交代净边结构，部分斜长石呈残留状产于碱性长石中构成交代残留结构。石英含量 30%，它形粒状或不规则拉长柱状，粒径变化大，切面最大长度可达 3mm 以上，定向分布，具波状消光现象。黑云母含量接近 5%，鳞片状，褐色-浅黄色多色性，一组极完全解理，最高干涉色见至三级绿。解理面上平行消光，正延性，假一轴晶干涉像，负光性。

图 4-54　混合片麻岩样品薄片单偏光（a）和正交偏光（b）显微照片

混合片麻岩 CT 扫描样品直径 6mm，分辨率 3.25μm。CT 扫描原始灰度图像见图 4-55。图像中可分辨 5 种不同灰度：黑色、深灰色、中灰色、浅灰色和亮白色。以深灰色和中灰色为主体，二者灰度值差异较小，浅灰色占比明显较小，少量黑色和亮白色。黑色影像对应孔隙和裂隙，推测深灰色影像对应石英，中灰色影像对应长石，浅灰色对应云母，亮白色影像对应角闪石。

对所截取的 600×750×500 体像素（1952μm×2437.5μm×1625μm）的体积进行三维结构可视化，见图 4-56。其中孔隙、裂隙以深蓝色表示，石英以浅灰蓝色表示，长石以青绿色显示，云母以鹅黄色显示，角闪石以棕色显示。该样品的扫描图像质量略差，可见明显环状伪影，但从中依然可以看出较明显的流动构造形态。

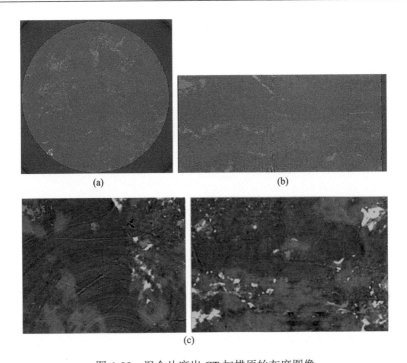

(a) (b)

(c)

图 4-55 混合片麻岩 CT 扫描原始灰度图像

（a）、（b）为 CT 扫描整体图像横截面和纵截面；（c）为一个 $600 \times 750 \times 500$ 体像素，
即 $1952\mu m \times 2437.5\mu m \times 1625\mu m$ 体积内两个不同方向的切面，经图像增强

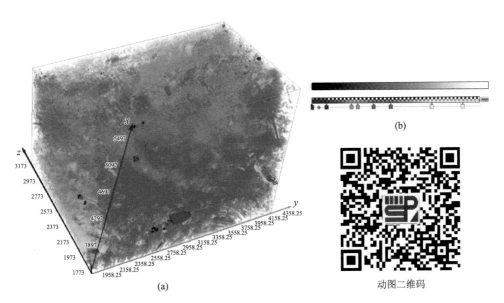

(a)

动图二维码

图 4-56 混合片麻岩三维结构可视化截图（a）、灰度与伪色彩对比（b）

2）眼球状混合岩

眼球状混合岩样品手标本见图 4-57。岩石新鲜面呈灰白色，风化面呈土黄色。鳞片粒状变晶结构，眼球状构造。矿物晶体发育良好，基质为黑云母和角闪石等暗色矿物，片理发育；眼球部分为长石和石英集合体，长石应为微斜长石，大致平行片理排列，具玻璃光泽，石英具贝壳状断口，具油脂光泽。

图 4-57　眼球状混合岩手标本照片（样品来源：浙江省绍兴市诸暨市）

眼球状混合岩样品薄片偏光显微照片见图 4-58。样品薄片为中粒鳞片粒状变晶结构，交代结构清晰，可见有交代蚕蚀、交代假象、交代条纹、交代净边结构，交代双晶等。普通角闪石（约 5%），半自形柱状，大都因交代而残缺，深绿色，多色性明显，可见闪石式解理，正中突起，常有相对聚集，并为长英质蚕蚀，也见棕褐色黑云母交代而呈假象，有时亦为绿帘石交代，有的析铁，可见交代穿孔，常为细小长石充填，分布不均，但长径有半定向。黑云母（约 20%），黄绿色-黄色，片状，低突起，具有一组极完全解理，明显的多色性，平行消光。黑云母与角闪石常交生于一起，有的地方有指状交叉的现象，部分地方隐约见黑云母交代角闪石的特征，黑云母与角闪石一起断续定向排列。斜长石（30%～35%），较自形的板状，部分粒状，表面干净，发育有聚片双晶，可交代钾长石或角闪石，构成净边。条纹长石（5%～10%）：无色、粒状，少数为厚板状低突起，主晶为钾长石，条纹为斜长石，条纹为不规则尖枝状，有的在晶内尖灭，可贯通，大多有明显的绢云-黏土化。石英（30%～35%），无色、不规则中-细粒状，常呈集合状分布，可交代长石或角闪石构成交代蚕蚀，波状消光不明显。

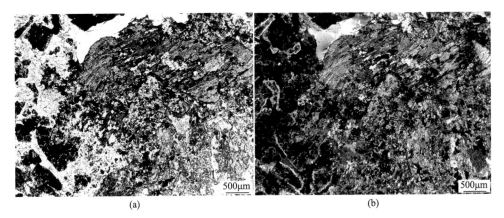

(a)   (b)

图 4-58　眼球状混合岩样品薄片单偏光（a）和正交偏光（b）显微照片

　　眼球状混合岩 CT 扫描样品直径 6mm，分辨率 3.0μm。CT 扫描原始灰度图像见图 4-59。图像中见极少量孔隙，固体部分可分辨以下几种成分：深灰色影像，

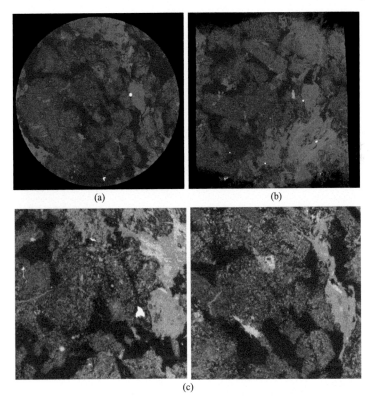

(c)

图 4-59　眼球状混合岩 CT 扫描原始灰度图像

（a）、（b）为 CT 扫描整体图像横截面和纵截面；（c）为一个 1200×1200×1200 体像素，
即 3600μm×3600μm×3600μm 体积内两个不同方向的切面

内部较完整，对应石英；中灰色影像含量最高，呈颗粒状，内部含均匀分布的浅灰色点，推测对应长石，其影像与其他岩石样品中所观测到的长石颗粒有所不同，但是与样品薄片偏光显微照片中所显示的碎裂颗粒对应；浅灰色影像对应黑云母，含量较低；灰度更浅的浅灰色可能对应角闪石，含量低于黑云母。

　　对所截取的 1200×1200×1200 体像素（3600μm×3600μm×3600μm）的体积进行三维结构可视化，见图 4-60。图中孔隙以高饱和度的蓝色显示，石英以高透明度的蓝灰色显示，长石以杏色表示，黑云母以褐色显示，角闪石以绿色显示。所截取的体积中，黑云母集合体的形态与样品薄片偏光显微照片中所观察到的弯曲薄层状结构十分接近。

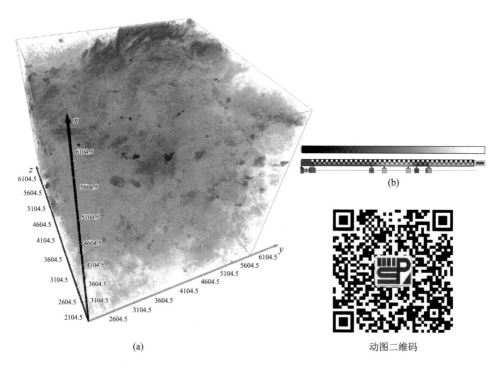

（a）　　　　　　　　　　　　　　　　　动图二维码

图 4-60　眼球状混合岩三维结构可视化截图（a）、灰度与伪色彩对比（b）

4.4 　其 　　他

接触变质岩

石榴子石矽卡岩

石榴子石矽卡岩样品手标本见图 4-61。岩石呈灰褐色，质地坚硬，密度大，具粒状变晶结构，块状构造。岩石中的石榴子石呈浅褐色，不规则粒状，具玻璃光泽，透辉石呈灰绿色，粒状，玻璃光泽。

图 4-61 石榴子石矽卡岩手标本照片（样品来源：河南省南阳市内乡县）

石榴子石矽卡岩样品薄片偏光显微照片见图 4-62。样品薄片为不等粒（柱状）粒状变晶结构。主要矿物成分为石榴子石和透辉石，两者含量接近，但在薄片尺度上两者分布不均匀，常相对集中产出构成斑杂构造。此外，薄片中可见少许方解石和石英晚期充填粒间，还含有少量不透明金属矿物。石榴子石约 52%～53%，多呈自形粒状，少量晶体为半自形，粒径变化大，多数晶体粒径为 0.3～1mm，部分晶体粒径为 0.05～0.2mm，部分石榴子石晶体呈集合体产出，浅黄色，正高突起，多具光性异常而显示一级灰黑干涉色，双晶和同心环带结构较发育，变种为

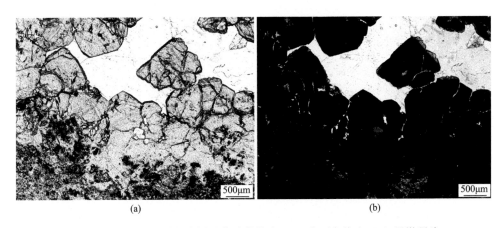

图 4-62 石榴子石矽卡岩样品薄片单偏光（a）和正交偏光（b）显微照片

钙铁榴石。透辉石约 47%～48%，多呈它形粒状，粒径多为 0.05～0.2mm，部分晶体呈短柱状，长度多为 0.3～1mm，无色，正中-正高突起，柱面一组完全解理，横切面可见两组近直交解理，最高干涉色为二级蓝绿，斜消光，消光角大，二轴晶，正光性，光轴角中等。

　　石榴子石矽卡岩 CT 扫描样品直径 4mm，分辨率 1.506μm。CT 扫描原始灰度图像见图 4-63。图像中可见孔隙、裂隙和少量深灰色影像；主体为中灰色，其中可见浅灰色薄层包裹的近圆形颗粒结构，难以准确分辨透辉石和石榴子石；深灰色影像位于浅灰色颗粒之间，推测为方解石或石英；另含少量高亮度的金属矿物。

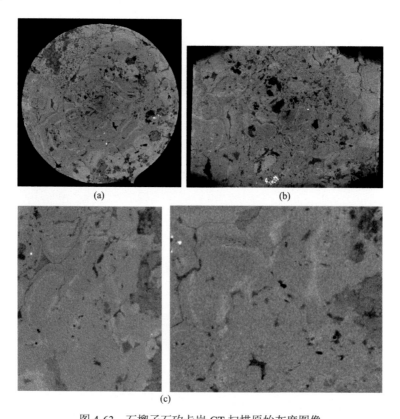

(a)　　　　　　　　　　　(b)

(c)

图 4-63　石榴子石矽卡岩 CT 扫描原始灰度图像

(a)、(b) 为 CT 扫描整体图像横截面和纵截面，(c) 为一个 700×800×650 体像素，即 1054.2μm×1204.8μm×978.9μm 体积内两个不同方向的切面

　　对所截取的 700×800×650 体像素（1054.2μm×1204.8μm×978.9μm）的体积进行三维结构可视化，见图 4-64。图中以蓝色表示孔隙裂隙，浅褐色表示颗粒之间的方解石和石英充填物。其他结构难以显示。

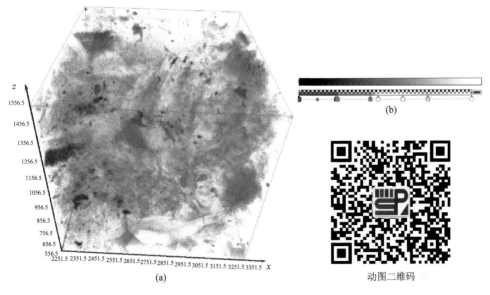

(a)

(b)

动图二维码

图 4-64 石榴子石矽卡岩三维结构可视化截图（a）、灰度与伪色彩对比（b）

第5章　构造岩及其他

有些岩石难以归入岩浆岩、沉积岩和变质岩这三大类，比如因为构造变形而形成的碎裂岩、糜棱岩和风化后固结形成的风化岩等。这些岩石相对较少。糜棱岩与构造变形导致的变质作用有关，有时也被归为变质岩，本书将其归为构造岩。

5.1　糜　棱　岩　类

5.1.1　初糜棱岩

初糜棱岩样品手标本见图 5-1。岩石呈暗绿色，初糜棱结构，块状构造，具有微弱线理和面理。矿物颗粒细小，边缘轮廓不明晰。主要矿物成分为长石和石英等。

图 5-1　初糜棱岩手标本照片（样品来源：浙江省绍兴市诸暨市）

　　初糜棱岩样品薄片偏光显微照片见图 5-2。样品薄片具糜棱结构，矿物定向排
列。碎斑占 40%～50%，常呈大小不等的卵圆状、眼球状、透镜状，常发育波状
消光、带状消光、变形纹、扭折带等晶内和晶界塑性变形结构；基质占 50%～
60%，主要由亚颗粒和细小的重结晶颗粒组成，常呈条带状绕过碎斑，显示韧性
流动迹象。

　　碎斑主要由斜长石、石英构成。斜长石常呈透镜状或椭球状，具有聚片双
晶。常见有波状消光、双晶弯曲、粒内显微破裂。有的颗粒可见齿形边和核幔
结构。有的斜长石颗粒变成了几个颗粒的集合体，但保持同时消光，颗粒粒度
减小特征明显。斜长石多发生绢云母化或黏土化，呈现明显的塑性流变特征。
石英呈粒状，常见波状消光、带状消光，具有齿形边缘结构；局部具较发育的
变形纹，偶见亚颗粒。

　　碎基由绢云母/白云母、石英和斜长石构成。石英和斜长石多拉长呈条带状、
矩形状或拔丝状，形成糜棱叶理，常见波状消光、带状消光。斜长石发生黏土化
和绢云母化蚀变。

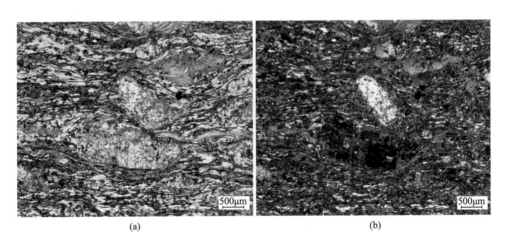

(a)　　　　　　　　　　　　　　　　　　　(b)

图 5-2　初糜棱岩样品薄片单偏光（a）和正交偏光（b）显微照片

　　初糜棱岩 CT 扫描样品直径 3mm，分辨率 1.0μm。CT 扫描原始灰度图像见
图 5-3。图像中未见孔隙；主体为深-中灰色；含大量结晶颗粒状或片状浅灰色影
像；可见少量白色小颗粒；一条浅色影像矿物充填的裂缝十分明显。基质中可分
辨深灰色和中灰色两种颗粒，分别对应石英和长石，都具有拉长的颗粒特征；浅
灰色影像多数粒度较小，对应云母；高亮度白色影像数量少，具清楚的结晶形态
特征，对应金属矿物。

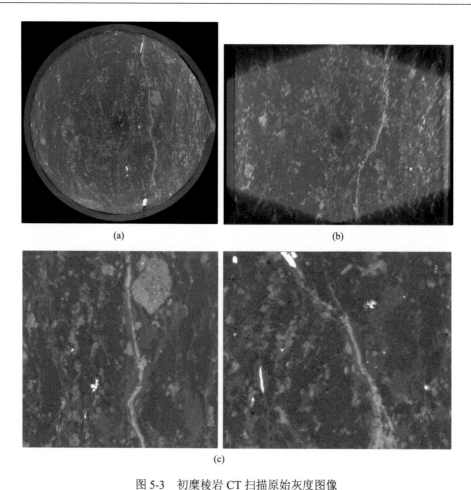

图 5-3　初糜棱岩 CT 扫描原始灰度图像

（a）、（b）为 CT 扫描整体图像横截面和纵截面，（c）为一个 400×800×500 体像素，
即 400μm×800μm×500μm 体积内两个不同方向的切面

　　对所截取的 400×800×500 体像素（400μm×800μm×500μm）的体积进行三维结构可视化，见图 5-4。图中石英以高透明度白色显示，长石以深蓝灰色表示，云母以粉红色显示，高密度金属矿物颗粒以金色表示。图中的透镜状结构、流动构造均十分清晰。

5.1.2　糜棱岩

　　糜棱岩样品手标本见图 5-5。岩石呈黄褐色，具有糜棱结构，碎粒呈定向排列，形成线理和面理。断面上可见透镜状定向排列的碎斑。主要矿物成分为石英和长石。

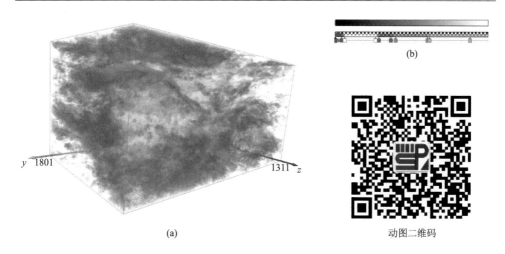

(a)

(b)

动图二维码

图 5-4 初糜棱岩三维结构可视化截图（a）、灰度与伪色彩对比（b）

图 5-5 糜棱岩手标本照片（样品来源：浙江省绍兴市诸暨市）

糜棱岩样品薄片偏光显微照片见图 5-6。样品薄片具糜棱结构，矿物定向排列。碎斑占 20%～30%，呈大小不等的卵圆状、透镜状，发育波状消光、带状消光、变形纹、扭折带等晶内和晶界塑性变形结构。碎基占 70%～80%，主要由亚颗粒和细小的重结晶颗粒组成，常呈条带状绕过碎斑，显示韧性流动迹象。

碎斑主要由斜长石、石英构成。斜长石常呈透镜状或椭球状，具有聚片双晶。常见有波状消光、双晶弯曲、粒内显微破裂。有的颗粒可见齿形边和核幔结构。有的斜长石颗粒变成了几个颗粒的集合体，但保持同时消光，颗粒粒度减小特征明显。斜长石多蚀变成绢云母和帘石，绢云母的定向与矩形状石英一致。有的地方可见矩形石英包饶斜长石，呈现明显的塑性流变特征。石英为粒状，常见波状消光、带状消光，齿形边缘结构；局部具较发育的变形纹，个别薄片中可见亚颗粒。

碎基由绢云母/白云母、石英、斜长石和少量绿泥石、绿帘石等构成。细粒白云母/绢云母呈不完全条带状，与不规则矩形状石英共生或与细粒化后的斜长石共生或分布于斜长石碎斑中，沿裂隙局部含少许细粒铁质共生，形成宏观不太明显的灰色条纹，镜下白云母具有闪突起，解理发育。石英拉长呈条带状、矩形状或拔丝状为主，形成糜棱叶理，常见波状消光、带状消光。斜长石发生绿帘石化。

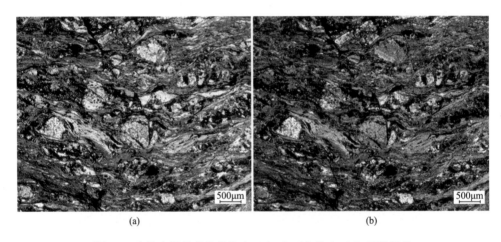

(a)　　　　　　　　　　　　　　(b)

图 5-6　糜棱岩样品薄片单偏光（a）和正交偏光（b）显微照片

糜棱岩 CT 扫描样品直径 3mm，分辨率 1.0μm。CT 扫描原始灰度图像见图 5-7。图像中可见微小孔隙，孔隙呈团簇状分布；可见 3～4 条裂缝，但很可能为后期（如样品加工时）形成。主体部分为中灰色颗粒或拉长颗粒与浅灰色长条状、薄层状影像相间。推测中灰色影像为不同程度变形的长石或石英颗粒（碎斑）；浅灰色条状影像，呈现明显的流动构造特征，可能是以云母为主要成分同时包含长石和石英的碎基。另外可见少量小的白色颗粒状影像零散分布，对应铁质金属矿物。样品中心为一眼球状构造。根据眼球状构造中出现的浅灰色影像，推测为长石绢云母化结果，故眼球状构造内部为一长石颗粒。

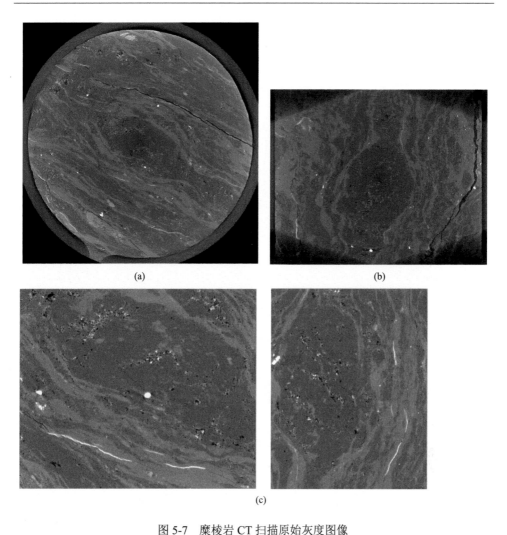

(a)

(b)

(c)

图 5-7　糜棱岩 CT 扫描原始灰度图像

（a）、（b）为 CT 扫描整体图像横截面和纵截面，（c）为一个 1140×940×1180 体像素，
即 1140μm×940μm×1180μm 体积内两个不同方向的切面

对所截取的 1140×940×1180 体像素（1140μm×940μm×1180μm）的体积进行三维结构可视化，见图 5-8。图中孔隙以蓝色表示，碎斑颗粒以高透明度的蓝灰色显示，云母为主构成的碎基以粉红色表示，高密度金属矿物以金色表示。可见微小孔隙较发育，部分呈团簇状，部分定向排列构成裂隙状，主要发育于碎斑颗粒内部。碎基呈清楚的流动形态，多层包裹于中心的碎斑颗粒外层。高密度金属矿物也部分呈现薄层流动构造，但仍有部分保留完整颗粒形态。

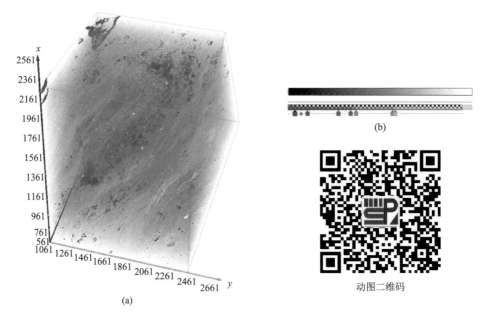

图 5-8　糜棱岩三维结构可视化截图（a）、灰度与伪色彩对比（b）

5.2　碎　裂　岩

花岗碎裂岩

　　花岗碎裂岩样品手标本见图 5-9。岩石呈暗绿色，碎斑结构，块状构造，原岩为花岗岩。主要矿物为钾长石、斜长石、石英和黑云母等。

图 5-9　花岗碎裂岩手标本照片（样品来源：浙江省绍兴市诸暨市）

花岗碎裂岩样品薄片偏光显微照片见图 5-10。样品薄片具碎裂结构。其中碎斑含量约占 80%～85%，主要是花岗岩原岩矿物的碎粒，包括斜长石、碱性长石和石英；碎基含量约占 15%～20%，主要由长石、白云母和石英，其粒径小于 2mm，还有少量黏土、方解石、绿泥石、绢云母和绿帘石等。碎斑中斜长石占比约 75%～80%，呈板柱状，具有聚片双晶，偶见有波状消光、双晶弯曲、粒内显微破裂。斜长石多蚀变成绢云母、石英和绿帘石。微斜长石占比约 10%，部分受风化黏土化影响而表面较浑浊，粗粒厚板状-中粗粒不规则粒状，粗粒可达 3mm 以上，格子双晶发育，与石英、斜长石等共生，局部白云母化，不规则裂隙中有钠化细脉充填。石英约占 10%～15%，粒状，常见波状消光、带状消光。碎基中细粒石英、白云母/绢云母、绿帘石的总量占比大于 15%，三者含量大体相等，绿泥石稍多。三者常紧密共生，呈不完全条带状，主要沿高角度斜交岩石的裂隙分布。

(a)   (b)

图 5-10　花岗碎裂岩样品薄片单偏光（a）和正交偏光（b）显微照片

碎裂岩 CT 扫描样品直径 4mm，分辨率 1.5μm。CT 扫描原始灰度图像见图 5-11。图像中可见至少三个灰度值：主体为中灰色，内部未见色差，表明扫描范围内基质成分单一，推测为长石，部分颗粒内含浅灰色或近于白色斑点状影像；浅灰色以极不规则形态穿插于基质中，局部类似岩脉或裂缝形态，对应薄片描述中的碎基；更浅的近白色影像又以极不规则形态穿插于中灰色和浅灰色影像中，同样属于薄片描述中的碎基。两个不同灰度的碎基（脉体）可能分别以云母和绿帘石成分为主。

对所截取的 800×1100×700 体像素（1200μm×1650μm×1050μm）的体积进行三维结构可视化，见图 5-12。图中主体成分（碎斑）长石以浅黄色表示；两个不同灰度的碎基条带分别以蓝灰色和砖红色表示。所截取的体积中包含一对十分明显的 X 型共轭裂缝。

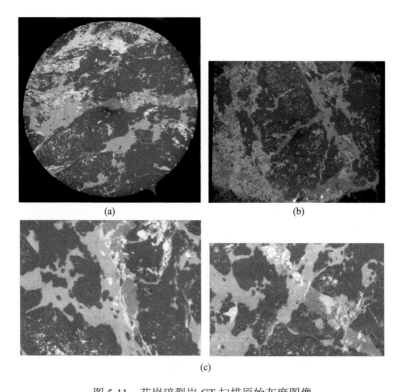

图 5-11　花岗碎裂岩 CT 扫描原始灰度图像

（a）、（b）为 CT 扫描整体图像横截面和纵截面，（c）为一个 800×1100×700 体像素，
即 1200μm×1650μm×1050μm 体积内两个不同方向的切面

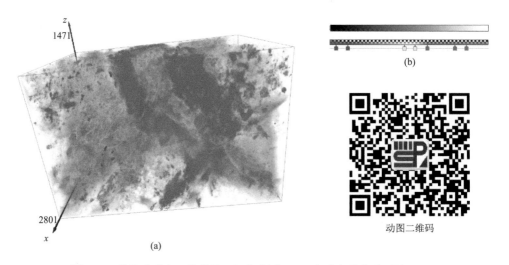

图 5-12　花岗碎裂岩三维结构可视化截图（a）、灰度与伪色彩对比（b）

5.3　风　化　岩

铝土岩

铝土岩样品手标本见图 5-13。岩石呈灰褐色，致密块状构造，硬度大，断口细腻，土状光泽，无粗糙感。

图 5-13　铝土岩手标本照片（样品来源：山东省泰安市肥城市）

铝土岩样品薄片偏光显微照片见图 5-14。样品薄片为隐晶质结构。

(a)　　　　　　　　　　　　　　　　　　(b)

图 5-14　铝土岩样品薄片单偏光（a）和正交偏光（b）显微照片

铝土岩 CT 扫描样品直径 3mm，分辨率 1.0μm。两个切面的 CT 图像原始灰度图像见图 5-15。图像中除了少量微小白色斑点几乎未见任何结构，显示样品内部均匀，少量的白色斑点为微小的金属矿物颗粒。

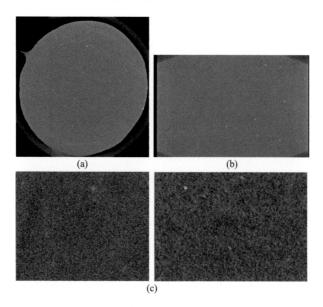

图 5-15　铝土岩 CT 扫描原始灰度图像

（a）、（b）为 CT 扫描整体图像横截面和纵截面，（c）为一个 400×500×350 体像素，
即 400μm×500μm×350μm 体积内两个不同方向截面的切片

对所截取的 400×500×350 体像素（400μm×500μm×350μm）的体积进行三维结构可视化，见图 5-16。图中除了少量随机分布的金属矿物颗粒未见任何结构和其他不同成分。

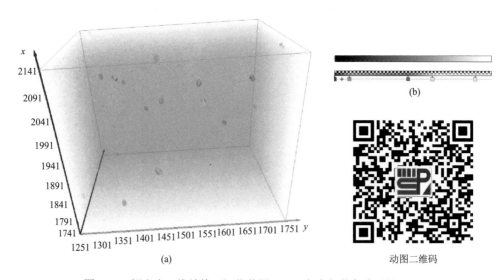

图 5-16　铝土岩三维结构可视化截图（a）、灰度与伪色彩对比（b）

5.4　其　　他

碧玉岩

碧玉岩样品手标本见图 5-17。岩石呈灰褐色，玉髓质硅质岩，块状构造，硬度大，致密，隐-微晶结构，具贝壳状断口。

图 5-17　碧玉岩手标本照片（样品来源：广西壮族自治区河池市大化瑶族自治县）

碧玉岩样品薄片偏光显微照片见图 5-18。样品薄片为粒状变晶结构，主要有细粒半自形石英颗粒组成，可见石英重结晶现象，局部存在黑色浸染状杂质。

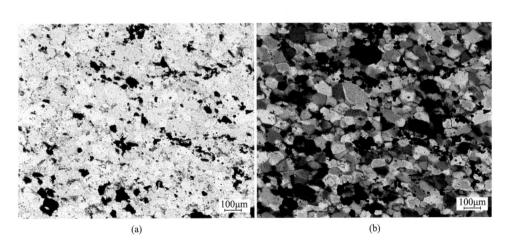

(a)　　　　　　　　　　　　　　　　　(b)

图 5-18　碧玉岩样品薄片单偏光（a）和正交偏光（b）显微照片

　　碧玉岩 CT 扫描样品直径 3mm，分辨率 1.0μm。两个切面的 CT 扫描原始灰度图像见图 5-19。图像中主体部分为中灰色，未见不同灰度影像，对应石英。可见大量白色斑点，较为均匀地分布于石英中。注意到横切面中可见白色颗粒周围存在条形伪影，说明白色影像所代表的矿物密度明显大于主体矿物的密度，应为金属矿物。

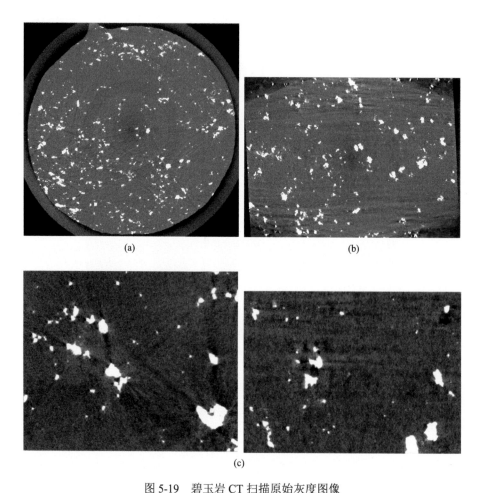

(a)　　　　　　　　　　　　　　(b)

(c)

图 5-19　碧玉岩 CT 扫描原始灰度图像

（a）、（b）为 CT 扫描整体图像横截面和纵截面，（c）为一个 650×800×580 体像素，
即 650μm×800μm×580μm 体积内两个不同方向截面的切片

　　对所截取的 650×800×580 体像素（650μm×800μm×580μm）的体积进行三维结构可视化，见图 5-20。图中显示碧玉岩中含较多形态及大小各异、无明显结晶形状的金属矿物颗粒外，无其他成分差异和结构。

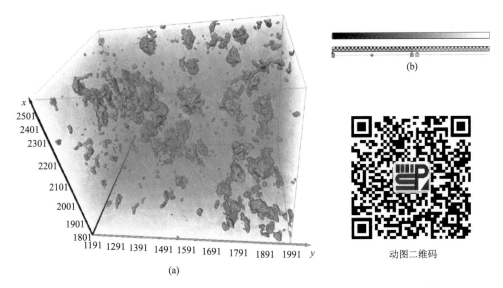

(a)

(b)

动图二维码

图 5-20　碧玉岩三维结构可视化截图（a）、灰度与伪色彩对比（b）

参 考 文 献

常丽华，曹林，高福红，2009. 火成岩鉴定手册[M]. 北京：地质出版社.

陈曼云，金巍，郑常青，2009. 变质岩鉴定手册[M]. 北京：地质出版社.

操应长，姜在兴，2003. 沉积学实验方法和技术[M]. 北京：石油工业出版社.

肖体乔，谢红兰，邓彪，等，2014. 上海光源 X 射线成像及其应用研究进展[J]. 光学学报，34（1）：9-23.

Flannery B P，Deckman H W，Roberge W G，et al.，1987. Three-Dimensional X-ray micro-tomography[J]. Science，237（4821）：1439-1444.

Landis E N，Keane D T，2010. X-ray microtomography[J]. Materials Characterization，61（12）：1305-1316.

Ljung P，Krüger J，Groller E，et al.，2016. State of the art in transfer functions for direct volume rendering[J]. Computer Graphics Forum，35（3）：669-691.

Spanne P，Thovert J F，Jacquin C J，et al.，1994. Synchrotron computed microtomography of porous media：Topology and transport[J]. Physical Review Letters，73（14）：2001-2004.

Stock S R，1999. X-ray microtomography of materials[J]. International Materials Reviews，44（4）：141-164.

Stock S R，2008. Recent advances in X-ray microtomography applied to materials[J]. International Materials Reviews，53（3）：129-181.

Zehner B，2006. Interactive exploration of tensor fields in geosciences using volume rendering[J]. Computers and Geosciences，32（1）：73-84.

附　录　样品信息汇总表

大类	中类	小类	样品名称
火成岩 （第2章）	超基性火成岩	超基性侵入岩	纯橄榄岩
			金伯利岩
			二辉橄榄岩
	基性火成岩	基性侵入岩	辉长岩
			辉绿岩
		基性喷出岩	玄武岩
			气孔玄武岩
			橄榄玄武岩
	中性火成岩	中性侵入岩	闪长岩
			石英闪长岩
		中性喷出岩	粗面安山岩
	酸性火成岩	酸性侵入岩	石英二长斑岩
			钾长花岗岩
			二长花岗岩
		酸性喷出岩	流纹岩
			浮岩
沉积岩 （第3章）	碎屑岩	砾岩类	砾岩
			砂砾岩
		砂岩	石英砂岩
			长石砂岩
			细砂岩
			粉砂岩
		泥页岩	泥岩
			钙质页岩
			硅质页岩
	生物化学岩	碳酸盐岩	石灰岩
			竹叶状灰岩
		硫酸盐岩	硬石膏
			纤维石膏岩

续表

大类	中类	小类	样品名称
变质岩 （第4章）	初级变质岩	板岩	碳硅质板岩
			灰白色板岩
		千枚岩	硅质千枚岩
			泥质千枚岩
		片岩	绿片岩
			黑云母片岩
	中级变质岩	变质基性岩	斜长角闪岩
	高级变质岩	片麻岩	黑云斜长片麻岩
			花岗片麻岩
		麻粒岩	粗粒麻粒岩
			细粒麻粒岩
		榴辉岩	深色榴辉岩
			浅色榴辉岩
		混合岩	混合片麻岩
			眼球状混合岩
	其他	接触变质岩	石榴子石矽卡岩
构造岩及其他 （第5章）	糜棱岩类		初糜棱岩
			糜棱岩
	碎裂岩		花岗碎裂岩
	风化岩		铝土岩
	其他		碧玉岩

后　记

　　岩石手标本和薄片观测具有十分成熟的分类方案和评判依据，但相关技术手段无法给出岩石内部三维结构图像。借助微观 CT 技术，本书首次构建与薄片对应的立体图像，观察岩石内部矿物颗粒在三维空间内的形态、分布、交互关系、孔隙大小及连通性等特征。

　　岩石是不同（或相同）矿物的集合体。微观 CT 技术所反映的仅是岩石中不同矿物的密度差，结合偏光显微镜的特征，可以初步判定矿物成分。若要开展精细研究，需要辅以其他技术，如电子背散射衍射、能谱分析、电子探针，以及能量分散 X 射线技术等，这需要相当大的资金和时间投入。限于经费和时间，本书仅完成了微观 CT 扫描及三维结构可视化工作，再结合薄片鉴定进行初步推断。这只是三维结构可视化技术在岩石内部矿物空间分布可视化的开端，我们计划继续开展相关工作，在未来的新版本中补充 CT 扫描原始灰度图像中矿物准确识别和定量分析内容，使这项工作更加完善，也为不同目标的研究提供思路、方法或途径。

　　本书以一套共 50 个样品的普通教学用岩石标本为基础素材，其中包含了最常见及最具代表性的岩石类型，也包含了少量不常见的非典型岩石，如碧玉岩。在岩石学教学和研究过程中，相关人员往往能收集到更多、更好、更具代表性的岩石标本。我们也将在下一步工作中注意岩石标本的收集和遴选，将遴选后的岩石标本加入到样品库中，使未来的新版本中所展示的样品更加丰富、更为典型。